体验课堂

与鲨鱼遨游大海

齐浩然　编著

金盾出版社

内 容 提 要

冰冷的海水、悲惨的海难、晦暗泥泞的海沟、嗜血成性的大白鲨……海洋真的那么无情吗？本书将为读者揭开事实的真相，使你学到许多关于鲨鱼的知识，了解到很多关于鲨鱼的趣闻和不可思议的故事。

图书在版编目（CIP）数据

与鲨鱼遨游大海 / 齐浩然编著 . —北京：金盾出版社，2015. 5
（体验课堂）
ISBN 978-7-5186-0048-9

Ⅰ. ①与…　Ⅱ. ①齐…　Ⅲ. ①鲨鱼—青少年读物　Ⅳ. ①Q959. 41-49

中国版本图书馆 CIP 数据核字（2015）第 021925 号

金盾出版社出版、总发行

北京市太平路 5 号（地铁万寿路站往南）
邮政编码：100036　电话：68214039　83219215
传真：68276683　网址：www. jdcbs. cn
北京市业和印务有限公司印刷、装订
各地新华书店经销
开本：700 × 1000　1/16　印张：11. 5　字数：207千字
2015 年 5 月第 1 版第 1 次印刷
印数：1 ~ 10 000 册　定价：28. 80 元

目录 contents

寻找鲨鱼

传说中的鲨鱼，你想不想仔细的探究一下？食人鱼有多么的可怕，很多人仅仅听到就会都闻风丧胆，只在课堂上听老师讲述一定不过瘾，只有身临其境才能够更加真切地体会到惊险刺激，别再犹豫了，我们一起走进鲨鱼，和鲨鱼遨游大海，进入神奇的海洋世界……

没想到吧，鲨鱼的种类多得令人惊讶，所以对于它进行定义并不像想象的那么简单。虽然都是鱼，可是它们在外形、大小、生活环境、饮食习性等各个方面都有着巨大的差异。甚至有很多鲨鱼看上去一点都不像我们印象之中的鲨鱼——有的鲨鱼一直生活在浅水区，而还有另外一些则生活在极深的海底，相貌也非常奇特。但他们都具备鲨鱼的某些特征。

鲨鱼与其他鱼类不同，骨架是由软骨组成的，并不是硬骨。在骨架的某些部位有一种被称为嵌片的特殊板状组织，它可以实现对骨架加固，这种板状组织是由坚硬的钙盐所形成的。所有鲨鱼都会定期长出牙齿，定期脱落。有的鲨鱼每年都可以长上几千颗牙齿，原来的牙齿一旦老化松动，就会被新长出来的牙齿所取代。

初识鲨鱼

你知道吗？鲨鱼的皮肤上也长着牙齿！对于鲨鱼的定义特征中，有一项就是在其皮肤上存在齿状的鳞片，这些牙齿称为“皮齿”。正是这些非常细密的皮齿使鲨鱼的皮肤跟砂纸非常类似。

鲨鱼至少有五对竖状鳃裂，而这些竖状鳃裂几乎全部位于鲨鱼头部的侧面。某些鲨鱼的鳃裂甚至达到七对之多。其他的大多数鱼类都有鱼鳔，用来帮助身体保持浮力，可是，鲨鱼身上却没有任何鱼鳔，它是利用其他方式保持身体浮力的。

鲨鱼，又称“鲛”，被一部分人认为是生活在海洋中最为凶猛的动物。鲸鲨主要以小型海洋生物作为食物，与须鲸差不多。因为食物具有一定的相似性，在漫长的生物演化过程中，它们长得和须鲸也比较相似，这种情况被称为“趋同进化”。于是“鲸鲨”的名字就理所当然了。鲸鲨是现存的鲨鱼之中体型最大的，也是目前已知鱼类中最大的。鲨鱼早在恐龙出现前的三亿年前就已经存在

于地球上，时至今日，已超过四亿年，它们在近一亿年的实践中几乎没有什么改变。

各种种类的鲨鱼都有一身的软骨。鲨鱼的骨架主要是有软骨构成，而不是骨头所构成的。软骨跟骨头相比更轻、更具有弹性。所有种类的鲨鱼都属于鲨纲，而鲨纲动物都有软骨。鲨鱼的体型大小各不相同，身体长度小的只有 0.2 米，而比较长的可以达到 18 米。

鲸鲨是海洋中体型最大的鲨鱼，因为长得和须鲸比较相像，故叫鲸鲨，鲸鲨在成年之后身长可达 2 米。虽然鲸鲨的体型非常庞大，但是，它的牙齿却是鲨鱼中最小的。它可长达 18 米，重达 40000 公斤。所幸它们的食物是浮游生物，否则，人类可就有难了！

最小的鲨鱼名为侏儒角鲨，小到可以拿在手上。它的长度大约有 0.2 ~ 0.27 米，重量连一磅都不到。

澳大利亚的鲨鱼专家曾经在海里与鲨鱼一起长期生活，发现鲨鱼能够一动不动停在海底，并不会因为这样窒息。鲨鱼和硬骨鱼类的不同之处是，鲨鱼并不用鳔来控制浮潜。如果停止游泳的话，大部分的鲨鱼都会往下沉。为了增加身体在水中的浮力，鲨鱼的肝中含有大量的油。

鲨鱼除却和人类相同的五种感觉器官之外，还有其他的器官。鲨鱼在海水中对于气味非常敏感，尤其是血腥味，伤病鱼类的不规则游弋所产生的低频率振动甚至少量出血，都能够将它从远处招来，甚至超过了陆地上狗的嗅觉。它能够在嗅出水中 1ppm（百万分之一）浓度的血肉腥味。日本的科学家经过研究发现，在 1 万吨的海水中就算是仅仅溶解 1 克氨基酸，鲨鱼同样能够觉察出气味而聚集在一起。比如，雌鲨鱼在分娩以后，即使在大海里漫游千里之后，还可以沿着气味逆游回到鲨鱼出生地生活。长 1 米左右的鲨鱼，它的鼻腔中密布嗅觉神经末梢的面积达 4842cm^2，例如，身体有 5 ~ 7 米长的噬人鲨，它灵敏的嗅觉可以嗅到数公里之外受伤的人以及海洋动物的血腥味。

在鲨鱼所有器官中，最敏锐就是嗅觉，它们可以闻出数公里之外的血液等非常细微的物质，并追踪到来源。它们有很强的第六感——感电力，鲨鱼能够凭借着这种能力察觉物体四周数尺的微弱电场。它们还可以借着机械性的感受作用，发现 200 米之外的鱼类或者动物所造成轻微震动。

在鲨鱼的头部，有一个可以探测到电流的特殊细胞网状系统，这个系统被称为电感受器，在它的身体两旁还有感知水流的侧线系统。鲨鱼正是利用电感受器来捕食猎物以及在水中自由游弋的。美国相关的研究人员对于小斑点猫鲨的胚胎进行了研究。经过分子测试，研究人员在鲨鱼的电感受器中发现了两种独立的神经嵴细胞基因标志。神经嵴细胞是胚胎在发育早期形成的不同组织的胚胎细胞。人类的神经嵴细胞对于人的面部骨骼以及牙齿的形成起着非常重要作用。这个发现说明，神经嵴细胞从鲨鱼的脑部转移到了其头部的各个区域，并且在其头部发育成了电感受器。因为鲨鱼的嗅觉非常灵敏，可以很容易地嗅出它们害怕或者厌恶的气味。据说，以前有一位钓鲨能手，在后来钓鲨的过程中，鲨鱼就是不上他的钩，但是

在同一个渔场的其他渔民却能够钓到很多鲨鱼。鲨鱼为什么不上这位钓鲨能手的钩呢？经过鱼类学家的研究，后来才发现，原来那位钓鲨能手曾经患过皮肤病，他握过的钓竿上留下的指纹之中含有这种左旋羟基丙氨酸非常丰富。鲨鱼闻到了这种气味，自然而然地要逃避他，鲨鱼不上钩的原因就在这里。

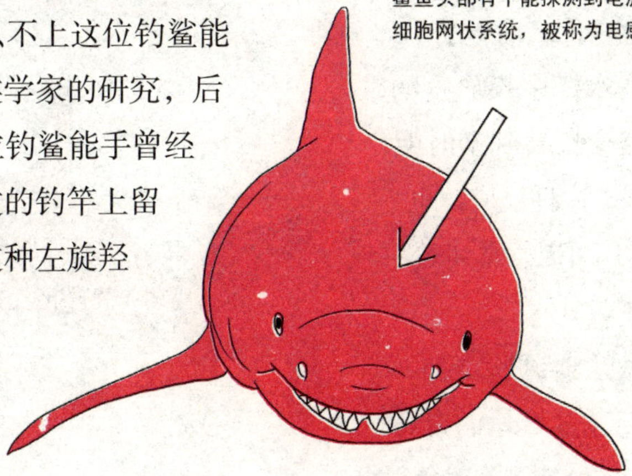
鲨鱼头部有个能探测到电流的特殊细胞网状系统，被称为电感受器。

鲨鱼除了味觉和触觉之外，还有两种非常特殊感觉，一种是旁线神经系统，这种神经系统是神经末梢，主要分布于鲨鱼的身体两侧，使鲨鱼感知到水中的任何活动。另一个特殊感觉是可以觉察其他生物所产生的细微电荷，被称为落伦兹壶腹。

鲨鱼的身体十分坚硬，肌肉很发达，呈现出不同程度纺锤形。口鼻部分会因为种类而有所不同：有尖的，比如，灰鲭鲨和大白鲨；也有大而圆的，例如，虎纹鲨和宽虎纹鲨的头就是扁平状。垂直向上的尾（尾鳍），大体上是新月形的，大部分种类的尾鳍上部都会大于下部。

美国夏威夷大学的海洋生物学家曾经表明，他们已经掌握了第一手的证据，可以证明鲨鱼能够觉察到地球磁场的变化。海洋生物学家的这个发现，为证明海洋鱼类存在内部的“罗盘”系统能够引导它们辨别方位，提供了一个全新的例子。

这个最新的研究成果，已经发表在了英国的皇家科学院学刊上。夏威夷大学的海洋生物学家卡尔·梅耶与他的同事设计并策划了这个试验。他们在一个人工的磁场环境之中训练六只沙洲鲨以及一只双髻鲨。这个人工的磁场环境就是一个直径 7 米的水槽，在水槽的外围缠绕了一层铜电缆，每次往水槽中投放食物的时候，电缆开关就会打开来模拟磁场环境。

经过了六周的训练以后，电缆的开关不管在什么时候打开，就算是没有往水槽中投放食物，鲨鱼依然会聚集到平时喂食的区域。这种反应，也证明了它们可以感觉到磁场的存在。

在做这项试验之前，科学家们通过鲨鱼的奇特的习性，已经猜测到鲨鱼很可能有这种特殊的能力。虎鲨、蓝鲨可以径直地在海洋中游很长的距离，假如只凭借着嗅觉是根本不可能做到的。双髻鲨经常会聚集在海底山脉附近，而这些山脉正是地球磁场经常产生变化的区域。

科学家下一步的研究是希望能够弄清鲨鱼是怎样辨别出地球磁场以及鲨鱼对于磁场感应的灵敏程度。不久之前，科学家也发现了其他的一些动物同样有识别磁场的能力。美国北卡罗来纳州大学的研究者也通过试验证明了，在鸽子的上喙具有非常微小的磁性粒子，它可以帮助鸽子完成远距离的飞行。

也许在很多人的心目中，鲨鱼不是什么好东西，因为它会攻击人类，但事实上，鲨鱼非常胆小，它之所以攻击人类，主要是因为人类闯进它们的地盘，他们感到了危险才会反击。

鲨鱼游泳的时候，主要是依靠身体，像蛇运动的同时配合尾鳍像橹地摆动向前推进。稳定与控制主要是运用多少有些垂直的背鳍以及水平调度的胸鳍。鲨鱼大多数无法倒退，所以，它很容易陷入像刺网这样的障碍里面，而且一旦陷入就难以自拔。鲨鱼的密度比水稍微大一点，也就是说，假如不积极游动，它们就会沉入海底。它们的游泳速度非常快，在水中，大白鲨的穿梭时速可达到 43 千米，但它们只能在很短的时间之内保持高速。

鲨鱼两侧有 5 ~ 7 个鳃裂（不像我们平常买的鲤鱼，有一对鳃盖护着鱼鳃），它在游动的时候海水通过微微张开的口吸入，之后从鳃裂流出用来交换气体。张着嘴游泳的鲨鱼看起来非常可怕，但是咱们不能不让人家呼吸啊？只有少数鲨鱼种类可以停留在海底呼吸。

鲨鱼的一生中需要换上万颗牙齿。大多数的鲨鱼包括大白鲨，嘴中都有成排的利齿。只要前排的牙齿因为进食脱落，后边的牙齿马上就会补上。新的牙齿会比以前的牙齿更大更耐用。而角鲨和棘角鲨这些鲨鱼换牙的话则是换整排牙齿。鲨鱼的牙齿呈锯齿状，这样的牙齿使鲨鱼不仅可以紧紧咬住猎物，还能够帮助它们将猎物锯碎。

大白鲨的上下颚并没有和头部紧密相连。正是因为这样，它可以把上颚向上和向前延伸吞下猎物，甚至有时可以把猎物一口吞下。

鲨鱼的牙齿结构也是它独特的生态之一。只要是熟悉鲨鱼的人都知道，它的牙齿就像一把锋利的尖刀，可以轻而易举地咬断像手指般粗的电缆。比如魔鬼鲨，有着长而尖的鼻吻以及锐利的牙齿。不同种类的鲨鱼，牙齿大小、形状与功能都有着很大的差异。因此，鱼类学家只通过鲨鱼牙齿的形状和大小，就可以准确地判断出它是属于哪个目、属、科。

更令人惊讶的是，鲨鱼的牙齿并不像海洋中的其他动物那样是固定的一排，而是有 5 ~ 6 排，除了在最外排的牙齿起到真正牙齿的功能以外，剩下的几排都是“仰卧”作为备用，就好像屋顶上的瓦片彼此覆盖着，一旦在最外一层的牙齿出现脱落的状况，在里面一排的牙齿立即就会往空缺处移动，取

代脱落牙齿的位置。同时，鲨鱼在成长过程中，较大的牙齿还会不断地取代小的牙齿。所以，鲨鱼在一生中常常需要更换数以万计的牙齿。曾经有人统计过，一条鲨鱼，在10年中竟然需要换掉2万余只牙齿。鲨鱼的牙齿不仅强劲而有力，而且锋利无比。例如，有些鲨鱼的牙齿形状利如剃刀，直接就可以拿来切割食物；有的牙齿是锯齿状的，可以用来撕扯食物；还有的牙齿呈扁平臼状，这样的就是用来压碎食物外壳与骨头等。比如，生活在北美洲的印第安人就将鲨鱼的牙齿当作刮胡子的工具。但非常可怕的是，鲨鱼在相互抢食时，鲨鱼常会不分青红皂白，甚至连自己亲生的孩子——鲨仔，也不放过，吃得一干二净；在一条鲨鱼被其他鲨鱼误伤的时候，这头伤鲨就该倒霉了，其他同宗族的兄弟也一样会群起而攻之，直到完全吞食完毕为止；更为可怕的是，由于鲨鱼是胎生的，一胎可以产出10余条鲨仔，最高甚至会有80余条之多，所以，这些鲨仔在娘胎的时候竟然也会互相残杀，人们曾经在大西洋海岸发现了一条虎鲨，经过解剖，得出了这样一个结论：娘胎成为战场，这在其他的动物中从未曾见过。

鲨鱼之所以如此频繁的更换牙齿，既和它残暴凶猛、嗜杀成性有关系，又和它的牙齿形状的不同有很大关系。鲨鱼的咬食力可以说是海洋生活的所有动物中最强有力的。曾经有人把金属咬力器藏在鱼饵之中，用来测量一条体长2.44米鲨鱼的咬食力，测定结果显示，它的咬食压力为每平方英寸18吨。所以，有商轮在航海的日记上记载轮船的推进器被鲨鱼咬弯、船体被鲨鱼咬出大洞的事故，也就不是什么稀奇的事情了。鲨鱼牙齿的

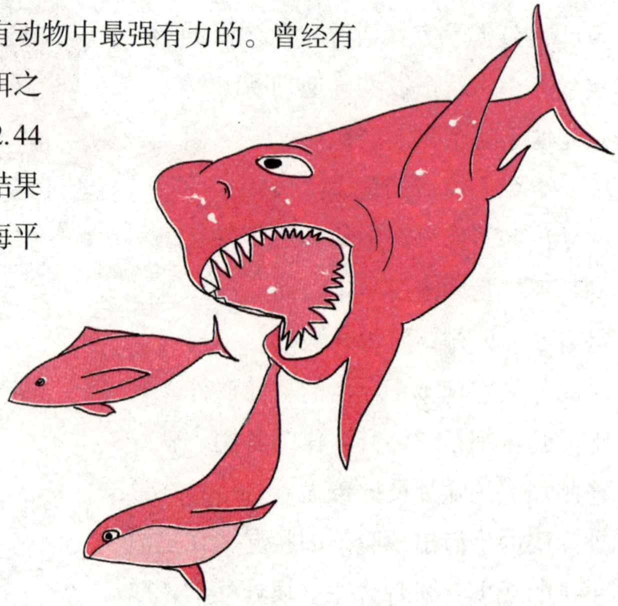

形。排出的卵是在扁平的垫形鞘中包着的，而垫形鞘是在卵通过输卵管的四周时加上去的，鞘的外皮在进入水中以后就会变硬，鞘的每个角落都会有一个短而中空的角状物，海水可以从这里进入，使卵获得氧气。母鲨鱼每次排卵数量有限。卵呈布袋状或综合螺旋状，产出之后被固定于珊瑚礁、海底植物或石缝中。被冲上海岸的短吻棘鲛的空卵囊，则被称为“美人鱼的小钱包”。这些卵一般会在几天或者几星期后孵出，鲨鱼这时就会离开幼仔让它们独立生存。

2. 卵胎生（非胎盘型胎生）：这种鲨鱼也是养护体内的胚胎，然后产出活的幼仔，但是它们无法为它们的后代提供任何直接的营养。某些种类的鲨鱼，比如鲭鲨采用的是“奥佛吉”的方式，就是鲨鱼妈妈产出一串小的没有受精的卵，被生长中的胚胎吃掉。受精卵会在子宫中发育，以卵黄囊或者由卵巢排入子宫的卵作为营养来源，在子宫当中并不形成胎盘。除鲸鲨每次可产 300 尾以上之外，其余的每次最多只有数十尾，最少的是狐鲛（长尾鲨），每次只能产两尾。相反的，孕育中的鲨鱼会依赖于卵的卵黄囊用以维持生计。

3. 胎生（胎盘型胎生）：外包角质壳的受精卵是在子宫中发育的，成长过程中所需的营养从卵黄囊胎盘中得到，它们在雌性鲨鱼的子宫中通过胎盘或者一种称为子宫液的分泌物吸取营养物质，一直到幼鲨几乎完全成形才产出，每次能够产数十尾。胎生可以确保幼仔在生长期间得到很好的孕育，所以，在出生以后能够立刻在严酷的大海中生存。远洋的大部分鲨鱼都是胎生的。大部分鲨鱼每年都会按照季节进行繁殖，一些大型的鲨鱼会隔年繁殖。大部分的鲨鱼怀孕期为 8 ~ 9 个月，白斑角鲨的怀孕期甚至高达 24 个月。通常来说，大型鲨一次能够产出较多的小鲨，小型鲨则刚好相反。鲨鱼的生长也非常缓慢，直到 5 ~ 10 岁的时候才算性成熟。在地球上最早的通过两性交配繁殖的动物是鲨鱼。

在香港水域之中，到目前为止共记录有八种鲨鱼出没，也曾经有五个泳客被鲨鱼咬死。这些事件都发生在西贡水域，其中 1991 年 6 月，最高纪录是在两星期之内就有三位泳客遇害。但是鲨鱼并不是只在西贡出没，在港岛中湾、赤柱以及南湾等地方同样也有鲨鱼的踪影。2006年8月31日，康文署在石澳泳滩的防鲨网外边曾经发现过两条灰礁鲨的尸体。

香港海洋公园设置的“鲨鱼馆”，在1989年落成。但是为了改养中华鲟，在2008年时改建，部分鲨鱼改为在海洋馆中饲养，或者送到了外地，这让部分保育人士很不满意。

保护鲨鱼

从古至今，人类一直都依赖着自然资源。就人类历史来看，我们也只不过是食物链环节中的一分子，充其量也就是一个掠食者。然而，随着人类不断扩张人口，科技和组织以后，已经使我们成为一个和自然脱离的超级掠食者。

人类现在正以人为的方式生产一切所需要的资源。其中，渔业是世界中利用自然资源最多的活动之一。在过去的五十年中，人类毋庸置疑地证明了海洋中的资源并不是无限的。二十年以前看起来好像是取之不尽，用之不绝的资源，如今在很多地区已经到达极限了。最近一些著名的生物学家提出警告，我们一直以为我们不可能造成海洋生物的绝迹，这个想法显然是错误的，我们正在以不可思议的速度在破坏海洋。

鲨鱼极有可能是由于人为因素而第一个绝迹的海洋生物。鲨鱼身为海洋的最高掠食者，鲨鱼的数量自然要比其他的鱼类更为稀少，同时也特别脆弱。某些鲨鱼怀孕期比大象的时间还要长，并且只生产数只胎仔，而小鲨需要花上二十五年才可以达到成熟阶段。当它们面临捕杀的直接威胁，其族群数量就会一下锐减很多，要想恢复其原有的数量，可能需要花上好几十年的时间才可以。

虽然它们早在恐龙时期之前就已经存在，但却从来没有遇到过像历经工业化后的人类这样凶残的掠食者。传统意义上，它们被认为是没有经济价值的鱼种，很少会被捕捉。很多穷困地方的渔夫之所以食用鲨鱼，也是因为它的市场价值实在是低得没办法了。

但是在刚刚过去的几十年中，情况早就已经大大改变。在其他鱼类已经被捕捉殆尽时，渔民就开始用鲨鱼来替代。在中国南方的富贵人家中有一个不甚清楚的习俗——利用似针状的鱼翅加入汤中用以增加口感，而不是用来增添美味。如今的这项习俗已经发展成现在的鱼翅羹，而且成为华人婚礼、酒宴以及商业晚餐中必备的一道名菜。以前鱼翅是特权阶级才可以享用的，而现在却已经成为数百万人经常使用的食品。

现在的每个渔夫都知道鱼翅就意味着金钱，捕捉之后将鱼翅割了，把活生生的鱼身丢弃回海里。鱼翅也已经成为全球最有经济价值的贸易品之一。

关于鲨鱼的渔业管理法，目前仍然停留在初级阶段。值得注意的是，至今也没有任何一种鲨鱼受到国际组织的保护。因为资料的缺乏与监督不周，使我们很难警觉到鲨鱼数量在怎样的严重减少之中。目前全世界只有少数的几个国家实施鲨鱼渔业管制。鲨鱼的绝迹是能够预计的，但是在缺乏可靠的资料的情况下，要写出完整的研究报告是十分困难的。

这篇报告并不是科学性的研究，或者是系统的全球贸易报道。我们只是试图通过简单的事实，用我们整合出的观点来保护鲨鱼的生存。而现在已经是以行动保护鲨鱼的严峻时刻了。

贫穷地区的人们食用鲨鱼并没有选择性，那是必需的食品。这与那些食用鱼翅的人完全不同，他们需要鱼翅只是为了满足个人的食欲而已，同样也可以选择别的食物。然而随着鲨鱼的濒临绝迹，鱼翅羹也会随之一起消失。肯亚和巴西人民为了供应世界上最昂贵的食物之一——鱼翅，反而将会使他们失去主要的食物来源，这本身就是一种恶性循环。

同样，就食物来源来说，鲨鱼如果不存在，很多其他的鱼类很可能也会受到影响，最后将会给渔业带来更大的经济冲击。等我们发觉的时候，恐怕已经太晚了。

如果没有保护鲨鱼的希望，又何谈保护整个海洋呢？

联合国粮食和农业组织同样意识到这个危机的存在，因此要求其组织所属的 190 个会员国，在 2001 年 2 月之前提出了管理计划。然而，会员国的反应至今都十分冷淡，造成其他的国际组织在保护鲨鱼的计划上非常缓慢，或者深感困扰。

解决的方法必须来自行动的结合：想要了解更多关于鲨鱼的生态，必须减少无穷尽的捕杀，停止不必要的捕获，监督鲨鱼渔业的操作和贸易活动，更为有效地执行法规。使鲨鱼的产量达到永续利用的标准。如果鲨鱼制品的需求量依然居高不下（尤其是鱼翅），上述的方法也许产生不了多大的效应。

保护鲨鱼不仅需要全球性的努力，还需要仰赖亚洲强而有力的典范领导者，特别是需要消费者的觉醒、关心与自制。吃鱼翅羹其实也没有什么大错，只是吃的人太多了。所以这行业需要有规范来防止鲨鱼的绝迹以及切除鱼翅后丢弃鱼身产生的浪费和不人道行为。还想继续维持鱼翅羹传统的人更应该大声呼吁规范的执行。

人类对于鲨鱼仍然存在不理性的恐惧感，这也说明了为什么我们没有去保护它们的意愿。我们对于鲨鱼的恐惧只是因为不了解它们的习性，还非常盲目地说：它们是非常凶残的动物。许多有心人士在逐渐探索了解之后才发觉，其实它们并没有我们想象的那样凶恶。现在有不少潜水员很期待，也非常珍惜能够在海中碰到鲨鱼的机会，就像陆地上的观光客在看到大象或者猩猩的兴奋。我们人类并不需要宰割鲨鱼，还可以利用别的方式来获利，例如，潜水观光业。

每年被捕杀的鲨鱼有将近 1 亿头

由于“金钱动力”与“口腹之欲”这两个贪念，联合国粮农组织估计每年都有将近 1 亿头鲨鱼被捕杀，其中有 7000 万头都是因为鱼翅贸易而被割掉鱼鳍、鱼尾之后丢回大海，痛苦地死去。“鱼翅羹”等菜肴在东南亚与中国等地区非常流行，正是这个原因导致了鲨鱼受到残酷的捕杀。

如今，海洋中鲨鱼的数量由于人类的大量捕杀而急剧减少。因为食用鱼翅的现象日益平民化，所以使得渔民使尽浑身解数去捕捞鲨鱼，以获取鱼翅。而捕捞鲨鱼的方法十分残忍，之前已经说过了，实际上，被割下的鳍与尾仅占鲨鱼总重量的 5%，这样说来，鲨鱼身体的 95% 都被浪费了。

据护鲨大使姚明所收集到的资料来看，在过去的 15 年中，海洋中的鲨鱼数量甚至已经减少了大约 80%。假如我们不采取有效的保护措施，鲨鱼这个物种，不久将会灭绝。

大家知道吗？拯救鲨鱼，其实也是在拯救人类自己。鲨鱼是海洋中最高级的捕食者，也是维护海洋生态平衡的骑士。生活在海洋中的浮游生物吸入了大量二氧化碳，同时也为人类提供 70% 的氧气。假如鲨鱼被人类灭绝，那么那些以浮游生物为食物的鱼类数量将会急剧增加。破坏海洋正常的食物链，就等于毁灭了大海。想象一下，如果世界上的海洋消失了，这对于人类来说将是多么可怕呀！所以说，拯救鲨鱼，就是在拯救我们自己。请所有人站出来一起保护鲨鱼吧！

巨齿鲨

“巨齿鲨”是一种生活在大概 2500 万 ~ 200 万年以前的一种巨型鲨鱼。由于鲨鱼是软骨鱼类，很多部位都无法留下化石，所以目前只找到它的一些像手掌大小的三角形牙齿化石，大约有 13 ~ 17 厘米长，为现存大白鲨牙齿的好几倍大。而且早期的牙齿侧面也不存在小牙尖，时间距离现在越近，牙齿的构造与现代大白鲨越相近。巨齿鲨慢慢出现了锋利的边缘锯齿，形状就像大白鲨牙齿的粗壮放大版。虽然如今还没有找到巨齿鲨完整的上下颌骨化石，但科学家根据其牙齿的大小同比例放大之后猜测出这种鲨鱼

大约长13～16米，体重约30吨，张开大口的嘴直径就可达到1.7～2.1米。巨齿鲨的身体非常强壮，呈流线型，能够猎食海中的任何生物，唯独猎食不了虎棘鲨。它喜欢捕食鲸类，其他的海洋哺乳动物同样是它的盘中餐。成年的巨齿鲨会在开阔的大洋中猎食，幼年的则生活在离岸比较近的海域中。在海面换气的动物巨齿鲨也会攻击。巨齿鲨能够在短距离内快速游动，从猎物的下方进攻。在猎食大型猎物的时候，巨齿鲨会首先攻击猎物的尾部或者鳍，使其丧失游泳能力，然后才会将其撕开并消灭。

巨齿鲨的撕咬力量非常强大，为28吨，仅这一项也足以表明它们是地球历史上最可怕的掠食性动物。相较之下，科学家认为有着“暴君蜥蜴”之称的霸王龙恐怕也不是巨齿鲨的敌手。霸王龙最大的撕咬力量只能达到4吨，比现存的大白鲨要强，但是却无法和巨齿鲨相匹敌。

在观察过的所有的哺乳类掠食动物当中，很多物种几乎都丧失了口腔肌肉的撕咬力量，而巨齿鲨却拥有着更为可怕的口腔撕咬猎物力量。这种可怕的撕咬力量赋予了巨齿鲨新的猎手生活方式。斯蒂芬·朗伊解释称，巨齿鲨能够捕杀比它们体型更大的猎物，并且它们很少会在搏斗中受到伤害，一般情况下，它们喜爱对猎物进行一次性的致命咬伤，然后就远远地游到旁边等待猎物失血过多而死。在远古时期的其他物种之中也存在着类似的猎食特征，例如，巨蜥与类似于异龙的恐龙。

巨齿鲨的撕咬能力和其他的物种有很大不同，它们的口腔之中没有任何骨骼，全部都是由软骨组织所构成的，这种软骨组织类似于人类的耳朵。

斯蒂芬·朗伊说，“软骨跟骨骼相比，更富有弹性，软骨在根本上不会形成更低的撕咬力量。”他强调到，这种软骨组织本身所具有的非常强的弹性有助于解释为何巨齿鲨会拥有如此强大的撕咬力量。从体重和撕咬力量进行对比，鲨鱼的撕咬力量并不是非常有效，一些猫类与狗类动物在身体比例上有着更强大的撕咬力量。只是因为鲨鱼这个物种的体型非常庞大，所以它们才有更强的撕咬力量。斯蒂芬·朗伊解释称，巨齿鲨对于猎物构成致命的伤害还是因为它可怕的牙齿，它的牙齿异常锋利，像牛排刀那样呈锯齿状，所以它们不需要花费更多的力量去刺破或者撕破猎物的肉体。而且，它们的牙齿相互间有运送带，能够持续长出一排排的牙齿，所在在牙齿脱落或者变钝之前就会有新的牙齿进行替换。不可否认的是，评估一条已经死亡大鱼的撕咬力量的确非常困难，但是斯蒂芬·朗伊与他的同事们通过分析这种掠食者的下颚，将会助于更好地重建人们受到损伤的面部。这项研究也能够使科学家更加全面的了解鲨鱼。

巨齿鲨和其他的现代鲨鱼非常相似，其骨骼都是软骨而非骨头，但是它形成骨骼化石的记录还很欠缺。

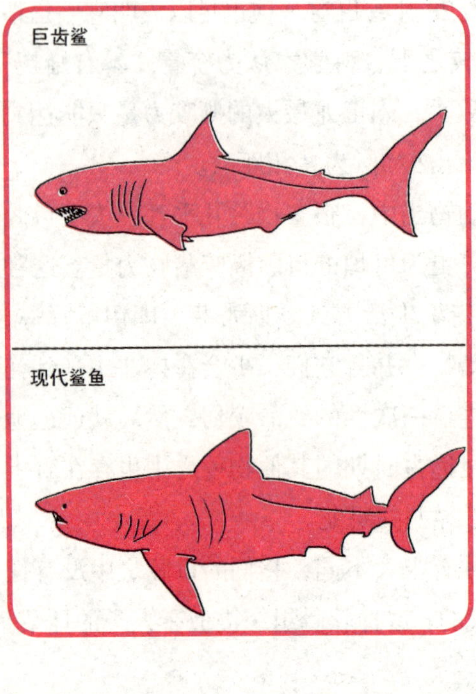

曾经有化石收藏家构建了一个巨大的巨齿鲨颌骨，这是世界上已知的最大的鲨鱼颚骨，经过测量有 3.4 米宽，2.7 米高。

推测巨齿鲨的最大体型是一件非常棘手的事情。巨齿鲨颌骨的第一次重建工作是在 1909 年完成的，根据那个颌骨的尺寸，巨齿鲨的大小推测大约 30 米，但是因为发现越来越多的化石和科学认识的进步，当年重建这个颌骨被认为是不正确的。毕竟，在那个年代，人们对于巨齿鲨的齿列的知识非常少，所以错误也就在所难免了。1973 年，有鱼类学家建议使用一个计算大白鲨大小的方法来估算巨齿鲨的体长。这个估算方法如下：巨齿鲨的体长（米）=[（0.096）×（牙齿珐琅质高度 mm）]。然而，在 1991 年时，有两位鲨鱼专家提出了这种计算方法的缺陷。由于牙齿珐琅质高度是不会随鲨鱼体长成比例增加的。1996 年，三位科学家参考着对于大白鲨的研究，针对巨齿鲨的体型提出了一个相对保守但是更为准确的估算方法，这个估算方法为：巨齿鲨体长（米）=-（0.22）+（0.096）× 牙齿斜高（毫米）。

按照这个方法，从一个斜高 168mm 的牙齿，能够得到 15.9 米的身长。从巨齿鲨目前发现的最大牙齿化石（斜高为 194mm），可以算出这颗牙齿应该是属于一条将近 18.4 米身长的巨齿鲨。在对外发布这个公式的同时，专家认为最大的巨齿鲨极有可能达到 20.3 米的体长。但是不久之后，鲨鱼专家又指出说，这个公式可能有误，2002 年时，又重新提出了一个新的计算公式，即齿冠宽度（cm）乘以 4.5 得到身长，根据这个公式计算的话，化石收藏家手中的那颗斜高 184mm、齿冠宽度 140mm 的大牙是一条超过 19.1 米的巨齿鲨的。而最大牙齿化石（斜高为 194mm），按照这个方法计

算，巨齿鲨很可能会超过 20 米。还有另一些说法：在 1994 年，有一位海洋生物学家在自己的著作中声明巨齿鲨能够达到 25 米。

成年的巨齿鲨在广阔的海洋中猎食。根据相关的化石研究表明，巨齿鲨与现存的大白鲨的攻击方式也不相同，巨齿鲨的攻击更加有效，从须鲸类的化石中发现，巨齿鲨主要是针对鲸鱼身上相对较为坚固的地方进行攻击，这些部位包括肩骨、肋骨、上脊椎部，而这些部位往往却是大白鲨避开下口的地方。Bretton · Kent 博士的观点是这样的，巨齿鲨在攻击的时候试图粉碎猎物的骨骼从而破坏掉被肋骨保护着的心、肺等重要器官，对于这些重要部位的攻击，可以确保，并将猎物固定住让其在较短的时间内死亡。

2008 年，由专家 Stephen · Wrote 所领导的科研小组主要对于巨齿鲨和大白鲨的咬力进行研究，研究结果表明，最大的巨齿鲨的后端咬合力有 28 吨，前端为 93127N（即 9 吨）。这个咬合数据毋庸置疑为史上最大，它是邓氏鱼咬合力的 2.8 倍，是霸王龙末端咬合力的 2 倍。

1995 年，有学者建议把巨齿鲨分到另一个新的属中，称之为古鲨属。从此之后，有很多古生物学者主张将巨齿鲨分类到古鲨属，但另外一些有

海洋生物学背景的学者则坚持认为巨齿鲨和大白鲨有关系，应把它分类到噬人鲨属。

巨齿鲨的灭绝相关理论

曾经有些理论指出，因为巨齿鲨主要以鲸类作为食物，可是由于两极的海水慢慢变冷，巨齿鲨难以生存，所以鲸鱼才能够逃避巨牙鲨的捕食，最终导致巨齿鲨因缺乏食物而逐渐灭绝。其他的解释则认为，任何对于食物链的影响（大约在 160 万年前，地球的水循环发生了变化，上升流减少，因为食物缺乏，大部分的鲸类都死亡了，本来多样化的鲸品种也变得越来越少），都会把有着庞大新陈代谢需求的猎食者淘汰掉。但是也有科学家认为巨齿鲨并没有完全灭绝，依然在这个世界生存。

六鳃鲨目

形态特征

六鳃鲨目是软骨鱼纲中的1目。只有六鳃鲨科1科3属约4种。中国有3属3种。六鳃鲨具有6～7个鳃孔。眼没有瞬膜或者瞬褶，有喷水孔。背鳍有1个，没有硬棘，后位具臀鳍；胸鳍的中轴骨延伸到鳍的前缘，前鳍的软骨没有辐状鳍条。脊椎的分节不完全，可是椎体有些钙化，脊索部分或者不缢缩，有1个吻软骨。颌两接型，上颌以筛突与耳突交接在头骨，不和舌颌软骨连接。见于中生代侏罗纪的化石。

六鳃鲨的眼睛非常小，椭圆形。鼻孔靠近吻端。上下颌牙异型，上颌牙尖而细长，主齿头向后弯曲，下颌牙宽扁，长方形，还有几个小齿头，呈梳状。尾鳍的延长，尾椎轴稍微上翘。其中的六鳃鲨属具有鳃孔6个。灰六鳃鲨体长达到4米以上，重量为400千克，主要分布在大西洋、地中海以及太平洋各个近陆海区，在中国主要见于南海与东海南部。哈那鲨属具有鳃孔7个，头宽扁，吻广圆。扁

头哈那鲨身体为灰褐色，杂以黑色斑点。主要分布在地中海、印度洋以及太平洋西北部，黄海、渤海的产量相对较多，在东海也有分布。体长可达到 2 米，重量有 50 千克。七鳃鲨属具有鳃孔 7 个，吻尖突，有 1 种。尖吻七鳃鲨主要分布在大西洋和太平洋，在中国分布在东海。通常都栖息在深海区域，主要以鱼作为食物。

灰六鳃鲨

灰六鳃鲨为六鳃鲨属下的一个物种，它是六鳃鲨科之中体型最大的，体长达到 4.8 米以上。灰六鳃鲨属于卵胎生的，它是六鳃鲨科之中胎数最多的，大概有 22 ~ 108 头幼鲨，每一头大约有 70 厘米长。它们通常生活在水深大于 90 米的地方，最深的纪录能够达到 1875 米。和其他的深海生物一样，灰六鳃鲨也会进行昼夜垂直的迁移。灰六鳃鲨经常会出没在一些特定的区域，比如，近不列颠哥伦比亚的虹比岛、三藩市湾的蒙特里海底峡谷以及挪威的峡湾口，它们都会在这些水深 30 米的地方出没。相关的研究人员观察它们在这些浅水的地方出没已经超过 20 年的时间了，但是其原因依然是个谜。

灰六鳃鲨身体延长，前段稍微粗大。头宽扁，约整个长度的五分之一；尾基上下方都没有凹洼。吻短而钝。绿色眼睛，眼睛很大，卵圆形，无灰六鳃鲨的牙齿瞬膜。鼻孔很小，近于吻端。口裂较宽，弧形；上下唇褶都不是太发达。两颌齿异形；上颌没有正中齿，每侧 20 个，前面额 2 个齿简单而细尖，齿头向外斜，中间有 8 ～ 9 齿，外侧有 1 ～ 3 小齿头，最后的 7 齿低小呈圆形，齿头很小或者没有；下颌正中有一齿，中央的齿头尖长，侧齿头有 3 个，每侧有 12 齿，前面的 6 齿宽扁为长方形，有 7 ～ 10 小齿头，后面的 6 齿比较细小。喷水孔比较细小，位于眼后缘上方。鳃孔有 6 个。有一个背鳍，小而后位，起点和腹鳍后端上方，后缘凹入，上角钝圆，下角尖突；胸鳍比较宽大，呈镰刀状，后缘凹入，外角钝尖，内角钝圆；尾鳍狭长，尾椎轴稍翘，上叶见于尾端，下叶的前部有明显的三角形突出，中、后部间具缺口。体背侧暗褐色湖综合棕褐色，有时体侧会有一个浅色纵条；吻腹侧以及腹部淡色；各鳍都是灰褐色；尾鳍的下叶与末端为灰黑色。

灰六鳃鲨栖息在大陆棚或者岛屿棚斜坡外缘近、外海底的栖大型鲨类，通常栖息的深度为 180 ～ 1100 米左右，最深能够达到 2000 米，具日夜垂直分布，白天栖于底层，晚上则会到上层觅食。主要是以其他小型的鲛类、小型硬骨鱼类、甲壳类或者乌贼等动物为食。卵胎生，胎儿在母体中的生长约为 650 毫米，一胎能够产下约 22 ～ 108 尾幼鲨，刚出生幼鲨的体长就可以达到 0.6 ～ 0.7 米。体长达到 2 米的时候性成熟。

人类对灰六鳃鲨的探索

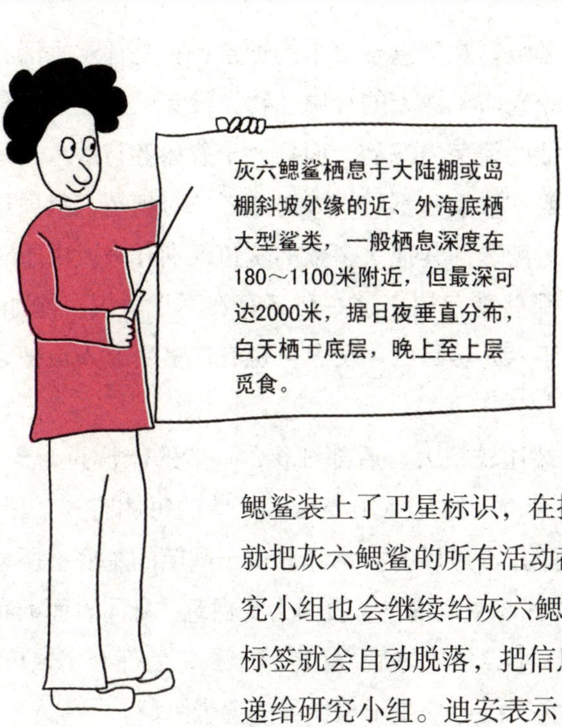

人类对于灰六鳃鲨的探索研究很少，但是，美国的一个灰六鳃鲨研究小组开展了为期一年的研究活动，研究小组的组长迪安到目前为止已经成功地为一只幼年灰六鳃鲨以及二只灰六鳃鲨装上了卫星标识，在接下来九个月的时间，标签就把灰六鳃鲨的所有活动都记录下来，与此同时，研究小组也会继续给灰六鳃鲨安装标签。九个月以后，标签就会自动脱落，把信息传向卫星，再通过卫星传递给研究小组。迪安表示：他对于这次的研究活动非常有信心，它相信这次研究活动将会揭开灰六鳃鲨之谜。

扁头哈那鲨

扁头哈那鲨是六鳃鲨目哈那鲨属的一种。成年的扁头哈那鲨体长为2～3米。鳃孔具有7个，头宽扁，吻广圆。眼侧位。喷水孔较为细小。口宽大，弧形。上颌没有正中牙，每侧都有6牙，细长外斜，外缘具有1～3小齿头；下颌具有1正中牙，每侧会有6牙，宽扁梳状，具有5～6齿头，第三齿头最大，其余的都比较小。背鳍1个，后位；尾鳍长，尾椎轴低平；臀鳍小；腹鳍大约和背鳍等大；胸鳍比较大，后缘微凹，外角钝尖。身体呈灰褐色，具有不规则的暗色斑点。主要分布在地中海、印度洋以及太平洋西北部的各个海区。栖息于近海底层，游泳速度缓慢，性格凶猛，主要以中、小型的鱼类与甲壳动物为食。卵胎生。在黄海的产量比较大，是渔业的捕捞对象之一。它的皮可以制成革，肉供食用，肝可以做成鱼肝油。扁头哈那鲨也是六鳃鲨科之中最为常见的一种。

扁头哈那鲨不像其他大多数喜欢栖息于深水的近亲，它更喜欢生活在沿海的浅水之中。它是一种令人印象深刻的食腐动物，没有区别地进食各种各样的东西，从腐肉到其他的鲨鱼与海豹，而且对于游泳者与潜水员还会有攻击的行为。所有的六鳃鲨目鲨鱼都具有 6 对或者 7 对鳃裂，只凭这一点就可以将它们和只有 5 对鳃裂的其他大多数的鲨鱼区别开来。由于对深水鱼类知之甚少，所以对哪些鲨鱼属于这一科还存在不少争议。例如，有些生物学家认为乐鱶是属于六鳃鲨目的一员，可也有许多研究人员把它单独归为一目。

六鳃鲨的体形较长，前端比较粗大，后部细狭，一般的体长为 2 至 3 米。头宽扁，尾狭长。口很大，上颌比下颌要长，下颌的每侧有 6 个牙，牙扁并且呈梳状。具有 7 个鳃孔，最后的一个鳃孔位于胸鳍的基底，所以又被称为“七鳃鲨”。身体的背部呈灰褐色，腹面为灰白色，身体表面散布着不规则的黑色斑点。背鳍 1 个，位于体后方；尾鳍很长，后部有 1 缺口。最大的体型可以达到 3 米。它广泛地分布于全世界的温带海域。

六鳃鲨大部分都分布于地中海、印度洋以及太平洋西北部。中国主要产于东海与黄海。在每年的夏秋两季生产，在山东省的石岛外海捕获的比较多。

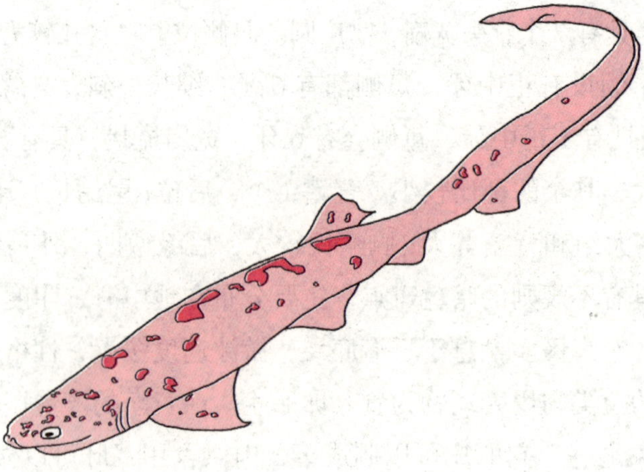

鼠鲨目

欧氏尖吻鲛

欧氏尖吻鲛又称为欧氏剑吻鲨、欧氏尖吻鲨，是尖吻鲛科（或者称尖吻鲨科或者箕作氏鲨科）下的惟一一个物种，它是一种深海鲨鱼。身体延长并且呈圆柱形。吻较为突出似短剑，所以又称为剑吻鲨。眼睛很小，两颌显著突出；口近端位；两颌齿同形，有棘状齿冠，末端尖细，齿基部宽，具有 2 个齿根。鳃孔的后缘都位于胸鳍的基部前方。两个背鳍大小相同，但是要比腹鳍和臀鳍小；胸鳍小型，后缘圆形；尾鳍也不是新月形，背侧

叶长，约等长于体长的一半；腹侧叶都不太发达。尾柄扁平，没有侧脊或者凹槽。脊椎的总数是 122 ~ 125。欧氏尖吻鲛的主要特征就是它的吻向前突起形成了一个尖突，要比其他鲨鱼的更加长，凭借着吻来感觉猎物，两颌前移就像鸟喙的样子，可以突然伸出攫取猎物。它的另一个特征为呈半透明的皮肤，可以显露出血液的颜色，使身体呈现粉红色。它的颚可以自由伸缩，在收缩的时候，它的外观看上去就像是一头粉红色而长吻的沙虎鲨。欧氏尖吻鲛经常出没于阳光照射不到的深海中，通常在深于 200 米水的地方。它们分布于世界各地的温带与热带海域，从太平洋的澳大利亚到大西洋的墨西哥湾。它们最初是在日本的海域被人们所发现。欧氏尖吻鲛在深海中捕食很多种类的生物。它们主要是以鱿鱼、蟹与深海鱼作为食物。对于它们的生命以及生殖习性所知甚少，它们的敌人也非常少。所以，世界自然保护联盟并没有将欧氏尖吻鲛列为濒危物种。

欧氏尖吻鲛最早是在 1898 年由朱尔敦在近日本横滨市的相模海所发现并命名的。欧氏尖吻鲛曾经在一段时间内被分类于剑射鱼属中，但就目前来说，这个分类是无效的。欧氏尖吻鲛的化石一共有 24 个以及其他两个已经灭绝的相关属。尖吻鲛属的学名是东京大学的动物学家箕作佳吉命名，因为是他把有关的标本交给朱尔敦用作研究的。

从欧氏尖吻鲛的模型，就可以看到嘴突出的模样。欧氏尖吻鲛是生活在深海的鲨鱼，常常在水深大约 250 米的海底生活。最深的标本就是曾经在水深为 1300 米处发现的。只有大约 45 个欧氏尖吻鲛的标本曾经被研究。大部分被渔猎欧氏尖吻鲛的事情都是在日本发生，特别是在房总半岛附近的海域。它们在太平洋的分布非常广泛，曾经在南非、澳大利亚以及新西兰的海域发现。它们也曾经在法属圭亚那对出的西大西洋和马德拉自治区以及葡萄牙的比斯开湾出没。在大西洋的另一端——墨西哥湾，欧氏尖吻鲛也曾经被发现。

早期的欧氏尖吻鲛的绘图。欧氏尖吻鲛的体型属于中等至大型。一般的标本都有 2 ~ 3 米长。最大的标本是在塔斯曼尼亚被发现，约有 3.9 米长。估计它们最大可以达至 5.4 ~ 6 米长。欧氏尖吻鲛有一般鲨鱼所有的体形。它们的鳍并非尖的，反而是低且圆的，臀鳍及胸鳍明显比背鳍大。它们的尾巴就像长尾鲨，上半叶比下半叶长。欧氏尖吻鲛的身体呈粉红色，在鲨鱼中非常独特，这是因它们的皮肤是半透明的，其血管使得外观上是粉红色的。它的鳍都是带青色的。剑吻鲨的眼睛小且没有瞬膜。它们没有尾前小窝及龙骨。前排牙齿长及边滑，后排的牙齿则适合压碎食物。欧氏尖吻鲛的肝脏占身体重量的 25%。现时仍未知悉为何它们的肝会如此大。

欧氏尖吻鲛是以在其吻的电子敏感器官来侦测猎物的。一旦欧氏尖吻鲛发现它的猎物，它们会突然伸出其颚，以像舌头的肌肉来将猎物啜入前

齿。它们会吃深海石头鱼、头足纲及甲壳类等猎物。当它被围入渔网几经挣扎不得脱身时，会通过自身类似鱼鳔的肌体压强变化，而膨胀起来，最后自行爆炸成大大小小的碎块，直到现在，世界上还没有任何一个国家捉到过一条完整的欧氏尖吻鲛。人们通常见到的不过是欧氏尖吻鲛的尸体碎块罢了，断口都参差不齐，极像砖块或瓷器破碎。它们厚厚的皮肉很少有韧性和弹性，特别是鱼皮就像陶瓷制品的硬度。爆炸后的魔鬼鲨鱼片就像我们平时打碎了一件瓷器，断口完全可以拼接在一起，分毫不差。

目前，我们对于欧氏尖吻鲛的生殖仍然是一无所知。虽然从来没有捕捉到怀孕的欧氏尖吻鲛，但是作为鼠鲨目的一份子，估计它们也都是卵胎生的。它们的受精卵是在母亲的体内孵化，出生的时候就已经是一头幼鲨了。

欧氏尖吻鲛属于较高层次的肉食性生物。它的体外和体内都有着不同的寄生虫。2004年，欧氏尖吻鲛被世界自然保护联盟列为“低危”物种。虽然很少有机会见到剑吻鲨，但是根据其分布世界各地海域的情况，再加上它很少作为副渔获物被捕获，因此，推断它并不存在出现灭绝的合理危害。世界自然保护联盟指出剑吻鲨最大的敌人是狩猎、意外死亡以及水污染。现在并没有用切实行动来保护剑吻鲨。

沙虎鲨

成年的沙虎鲨背部是浅棕色、暗灰色，向下渐渐变白，幼体的体表经常有小而黑的斑点，在达到性成熟的时候，那些小而黑的斑点自然就会消失。在它的上额排列着三排牙齿，牙齿本身就有一个又长又光滑的尖齿，而且两边各自有一个侧齿。它们还具有其他鲨鱼所没有的能力，能够通过吞咽水面的气体或者排出气体，用来调节自己的浮性，这样能够使它几乎静止不动地停留在水中。

沙虎鲨，又名为锥齿鲨、戟齿砂鲛或者戟齿锥齿鲨，是生活在海岸海域中的一种鲨鱼。沙虎鲨的外表非常凶猛，有非常强劲的游泳能力，但是它却保持沉静并且游动比较缓慢。除非受到挑衅，一般情况下，它不具有攻击性。沙虎鲨身体十分结实，具有两条大的背鳍，尾巴很长，上尾鳍特

别长，它有尾前小窝，可是却没有尾巴龙骨。橄榄绿还带着深褐色斑点的外皮富有光泽，通常它们体长为3.2米。雄性沙虎鲨长约2.1米的时候达到性成熟，而雌性则需要到2.2米。沙虎鲨隆背斜鼻，眼睛小并且非常凶狠，淡色的小眼中央有一颗黑点，它的头部比较小。从它永远张着的大嘴中，我们可以清晰地看到它那满口像钉子突出并且锋利的牙齿。沙虎鲨的牙齿跟大白鲨像厨师的刀具那样锋利的三角利齿不同，它的前齿细长并且尖锐，主要用来咬住猎物，后齿的表面就像锉子般，能够更有效地咬紧和压碎猎物。它们下颚前端的牙齿，每一颗的后边都有多达四颗后齿。小沙虎鲨用起自己的牙齿来同样快速又致命。

沙虎鲨分布于大西洋、印度洋以及太平洋等不同的地方。它们通常是在海岸区域水深为60 ~ 190米的地方聚集，在更深的地方也曾经发现过它们的踪迹。它们白天藏在洞穴之中，晚上会外出猎食。白天的时候它们表现得很懒，到了夜间却十分活跃。沙虎鲨的食物主要有硬骨鱼（包括大海鲈）、其他鲨鱼、鳐鱼以及甲壳动物。沙虎鲨是惟一一种能够吞下火灾将空气储存在胃部，用以控制其浮潜的鲨鱼。绝大多数的鲨鱼因为缺乏鳃盖，必须通过不断的移动来增加鳃的含氧量，但沙虎鲨却是一个例外，它可以长时间保持静止不动的状态，并且不会出现窒息的情况。它们还可以从海面吸入空气以达到中性浮力的状态。

一般情况下，沙虎鲨性情温和、行动缓慢，但看似文雅的沙虎鲨绝不会永远都这么温和，如果受到攻击，沙虎鲨就会用闪电般的速度予以还击。沙虎鲨的凶猛与无情在海洋世界中是远近闻名的，在“国际鲨鱼攻击档案”所列出“无故攻击”人类的鲨鱼之中，沙虎鲨名列前茅，它和公牛鲨、居氏鼬鲨与大白鲨一同属于极其危险的海洋掠食动物。鲨鱼在海洋生物之中有着许多独特的生态。除了上述它的灵敏嗅觉以及极少生病死亡以外，鲨鱼的牙齿结构也是它另外的独特生态之一。

沙虎鲨主要产自南非海湾，是最为凶悍的食人鲨之一，素有“海洋杀手”之称。它有着小且凶狠的眼睛，满口的牙齿像钉子一样突出而且非常锋利。跟其他鲨鱼相比，沙虎鲨更加喜欢在大海中到处游弋，向其他的生物展示它们剽悍的躯体。

沙虎鲨是目前已知的在子宫中同类相残的极少数动物。它们的胚胎在母沙虎鲨的子宫之中就具有优势，在卵囊里孵化为 0.1 米长的小鲨鱼时，已经长了牙齿。它们会在孵化成 1 米左右的超大幼鲨之前，在娘胎中就开始进行“殊死搏斗”，吞噬比自己弱小的“兄弟姐妹”。最终，只有最凶残最强壮的小沙虎鲨才能够降临世间。

和其他鲨鱼相比，沙虎鲨更加嗜血，这似乎主要是得益于它们在母体中的同胞相残。在青岛海洋世界中就有 8 条沙虎鲨，是以每条 50 万元的价格从南非“历尽千辛万苦”空降而来的。这些远道而来的沙虎鲨在放入海底世界之前，需要在暂养池中度过将近一个月的观察适应期。在暂养池期间，南非沙虎鲨多次出现“险情”，在海洋中游荡惯了的沙虎鲨，进入狭窄的暂养池，依然霸气十足，横冲直撞。可是这些小近视眼们在暂养池当中屡屡碰壁，在多次被撞得鼻青脸肿以后，才慢慢地学乖了，开始小心翼翼地四处游动。大家也可以到这里亲眼目睹沙虎鲨的真面目。

种群保护

哺乳动物物种多样性的全球模式研究中的最新成果显示，由于考虑到新物种的发现以及种群减少的问题，物种绝灭危机的程度要比之前所估计的更加严重。一方面，在过去的十年之中，新发现的 200 多种哺乳动物科学新纪录已经证明，我们对于地球上生物的多样性仍然缺乏完善的认识。

目前已经发现的新物种包括在很多目之中，比如，食虫动物、蝙蝠、啮齿动物、野兔、有蹄类动物、猴类与鲸类。虽然新发现的物种已经遍布全世界，可是大部分的物种都是在东南亚与南美洲发现的。例如，已经在巴西的大西洋与亚马孙森林中新发现了 12 种猴子。在东南亚地区的

Anna · mite 山脉发现的新种类也异常丰富，在越南、柬埔寨与老挝同样也发现了 5 种有蹄类的动物。

总而言之，新发现的物种地理分布区域十分狭窄，而且都是在森林遭到砍伐以及受到人类活动威胁的地区发现的。很多尚未记录的物种可能都已经绝灭了，或者在科学家发现以前就处于绝灭的境地。另一方面，最新的研究表明，在物种绝灭的危机之中，我们经常忽视特有种群快速减少与加速减少的问题。种群要比物种消失速度更快，导致遗传多样性与物种多样性严重消失。

生物种类已经有成千上万的种群绝灭了。例如，在历史上，五大洲的 177 种哺乳动物之中，有很大一部分动物的种群数量已经减少了 75% ~ 100%。种群与物种的减少应该使我们更加关注美学、道德、哲学、娱乐以及很多其他方面的原因。然而，也许人类保护种群与物种的最主要原因在于：种群和物种在为人类提供生态系统产品以及服务方面发挥着举足轻重的作用。

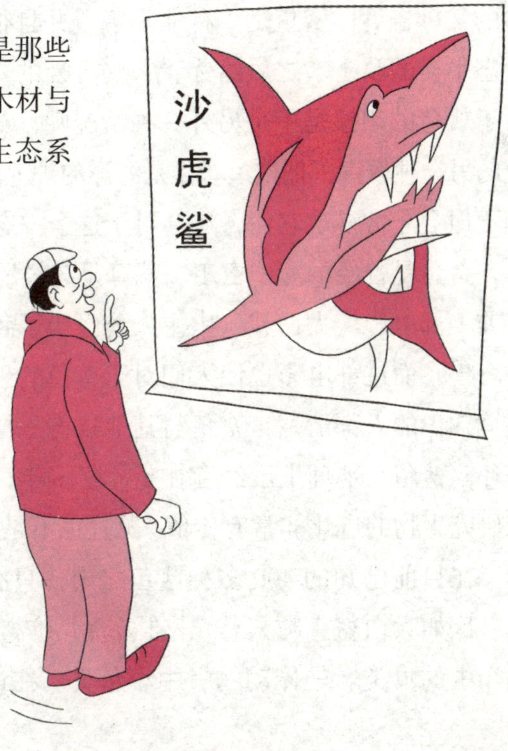

自然生态系统赐予我们的是那些生态系统的动产产品，例如，木材与纤维；生态系统的服务是自然生态系统为我们的社会所提供的非常重要的服务，都包括改良气候、水循环、防止洪涝、形成并且保持对于农林业至关重要的土壤、为作物授粉、控制作物害虫等。

要想全面地保护世界哺乳动物，应该采取这样的策略：对物种的分布模式进行详细分析，进而充分地考虑所涉及的各种问题，重点关注受到威胁的物种与濒危物种。为了能够确定优先保护的地区，首先要对哺乳动物的分布模式进行评估。根据相关的研究结果表明，如果想要保护至少一个种群，那么分布于世界各地的1200多处（100平方千米）地区必须得到保护。保护10%的种群就能够极大地增加保护地的数目。根据这个研究，我们能够清楚地发现，要实施全面的保护策略，就必须在保护地与农村保护种群。这样对于保护地球上物种多样性以及维持物种的生存都有着不可动摇的重要意义。

与鲨鱼和平相处

说到鲨鱼，大部分人的脑海里首先会出现一些可怕的画面：鲨鱼大张着的嘴以及它锋利无比的牙齿。为什么我们会有这种恐怖的第一印象呢？主要是因为，我们从小就被灌输的知识就是，鲨鱼是一种凶恶残暴、十恶不赦的大坏蛋。但是这对于鲨鱼这个古老的海洋生物来说多不公平呀！

现在请大家闭上眼睛想象一下，如果在自己是刚刚懂事的小孩子时，你的父母告诉你鲨鱼是一种非常害羞并且很美丽的海洋生物，是保护海洋生态平衡的骑士。之后给你看一些可爱的鲨鱼图片或者电视节目。那我们对于鲨鱼的印象是不是另外一种情况呢？如果我们在儿时起就接受针对鲨鱼的另一种教育，把鲨鱼看作是海洋的护卫者，是人类的好朋友，我相信我们不但会非常喜欢它们，还会对于这个古老并且神奇的生物充满敬意。

鲨鱼是曾经的海中之王，就算是久经风浪的渔民也会谈鲨色变。20多年前一部电影《大白鲨》中主人公经历了各种危险，最后终于战胜了凶猛的海兽，而这部电影也使人们对于鲨鱼的恐惧达到了极点。其实稍微有点环境知识的人都清楚，鲨鱼与其他猛兽一样都是海洋生物链中非常重要的一环。鲨鱼在地球上已经存在了4亿多年，曾经和恐龙瓜分天下，因此对于研究生物的进化非常有价值。况且也不是所有的鲨鱼都会对人构成威胁。

在目前已知的400多种鲨鱼之中，只有21种对人类有潜在的攻击危险，比如大白鲨（噬人鲨）、锥齿鲨、礁鲨，其他种类的鲨鱼则主要食用海洋中的贝类、软体动物、中小鱼类。在最近的20年中，鲨鱼已经从称霸海洋的凶猛杀手变成了像老虎与狮子那样需要人类保护的濒危动物。东方人一直以来都把鱼翅视为御膳。鱼翅的消费也随着近些年人们钱囊的膨胀以飞快的速度上升。

根据粮农组织的统计，现在每年有将近一亿头的鲨鱼被捕杀，捕杀量达到了 75 万吨，并且遍布各大洋。而其中的绝大部分仅仅是为了割取鱼翅，然后把尚存一丝气息的鲨鱼丢弃到海中。鱼翅的主要出口市场为东亚与东南亚。鲨鱼是属于海洋中食肉类的最高级动物，几乎不存在天敌，所以它们的成长非常慢，繁殖期很长，繁殖量也较低。但是现在鲨鱼被捕杀的速度已经是繁殖速度的两倍。对于鲨鱼皮、鱼翅、鱼肝以及金钱的贪婪，已经让人类变成了真正的杀手。因此，有识之士已经开始了在《大白鲨》那个时代无法想象的保护行动。

在 1998 年 5 月，美国政府立法严令禁止在大西洋与墨西哥湾捕杀 5 科大约 40 多种鲨鱼。后又立法禁止在美国所有领海海域中只为了获得鱼翅而捕杀鲨鱼。其中不仅包括鲸鲨和姥鲨等性情温和的鲨鱼，也包括让人惧怕的沙虎鲨。但是鲨鱼是有着很强迁移性的海洋动物，它春季时在太平洋，秋季可能已经迁移到了印度洋。所以，只依靠少数几个国家的努力还远远不够。

人类对于海洋大型动物认识的转变，也使得这些猛兽变成了珍奇宝贵的海洋资产。20 世纪 70 年代初，全世界范围的人都认识到鲸鱼濒临灭绝，需要对其加以保护，这个想法导致了海上观赏鲸鱼的旅游应运而生，而且使这个项目因此获利不菲。

与沙虎鲨相关的有趣新闻

英国的《每日邮报》曾有这样一则报道，基里巴斯41岁的警察泰托伊称，他和姐夫乘坐的木船在太平洋上迷失了方向，无助地在海上漂流15周，最后还是在一条鲨鱼的“帮助”下才找到一艘船，得到了救助。

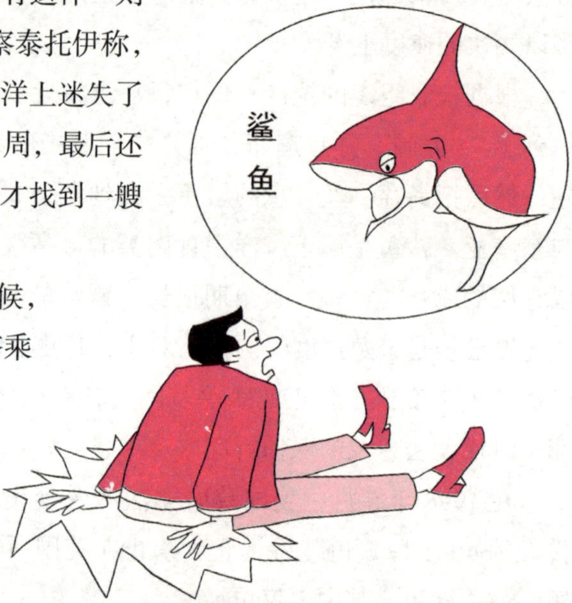

原来，在今年的早些时候，泰托伊从家乡马亚纳环礁搭乘飞机去往飞基里巴斯首都塔拉瓦，参加警察的宣誓就职仪式。在就职仪式结束以后，泰托伊在无意中看了一部讲述真实海上漂流故事的电影。就好像命中注定，泰托伊随后与姐夫法雷里选择搭乘一艘大概有4.57米长的木船返回家乡。但是这段本来仅需要2个小时的航行，却因为他们的大意而变成了漫长的“死亡之旅”——长达15周。

当时的情况是，泰托伊与法雷里在航行途中停下来钓甲鱼消遣，还打了个盹儿。可是在他们醒来以后，却发现他们的小船已经随着海浪漂流到远离马亚纳环礁的不明海域。在漂流的过程中，52岁的法雷里由于缺水不幸身亡。

这件事之后，泰托伊在接受采访的时候表示，长时间的海上漂流以及姐夫的身亡令他万念俱灰。但是上天却送给他了两个“礼物”使他最终得以生还，一个礼物是让他能够维持生命的雨水，另一个礼物就是碰到为他“引路”的鲨鱼。

“有一天，当我对于获救没有任何希望即将进入梦乡的时候，突然发生了一件非常奇怪的事情……当时，我正为了躲避烈日，蜷缩在衣服下面睡觉，突然感觉到好像什么东西在撞击船身。我往海里一看，发现有一条大约为 1.83 米长的鲨鱼在船体周围游来游去，并且不时地撞击船体。我不经意的一抬头，就看到一艘船的尾部，而那艘船上的船员正在用望远镜朝我的方向看。我简直无法相信自己的眼睛。”

“然后，我像发了疯朝他们挥手，终于获救。如果这条鲨鱼没有把我叫醒，船员们很可能会以为我没有遇到麻烦，然后离我而去。”泰托伊说。

获救以后，泰托伊被带到马绍尔群岛的首都马久罗，并且在那里接受了治疗。在回忆到痛苦的海上漂流时，泰托伊这样说：“我们有着充足的食物，而且还能够捕鱼充饥。但最大的问题就是没有水喝。”

泰托伊在搭乘飞机离开马久罗之前表示：“我会坐飞机回家，从今以后再也不会坐船了。”

鲭鲨

鲭鲨科鼠鲨是鱼类的统称，也是指鲭鲨科鱼类，包括白鲨以及马科鲨。鼠鲨属包括大西洋鲭鲨与太平洋鲭鲨以及其他两个分类地位还不确定的惠特利氏鼠鲨与菲利普氏鼠鲨。鲭鲨的行动非常迅速，也比较活跃。尾巴呈新月形。牙齿细长，侧面大多都具有锐利的小齿尖。身体的背部为灰色或者蓝灰色，腹部为灰白色。身体长达 3 米。生活在温带水域，主要捕食

鲱、鲭、鲑等鱼类，有时也会猎取入网之鱼，因此会破坏渔网。还可以捕捞出售以供食用。

鼠鲨

目鼠鲨科鲭鲨属的通称，只有 2 种。背鳍有 2 个，没有硬棘。尾椎轴上翘，尾鳍叉形。眼圆形。鼻孔狭小。口很大，深弧形。牙侧扁尖锐，前部的牙非常细长，锥形，后部是宽扁的三角形，基底没有侧齿头。鳃孔有 5 个，宽大，位于胸鳍基前方。主要分布于太平洋、大西洋、印度洋的热带以及亚热带各海域。中国只有灰鲭鲨 1 种，常见于南海、东海与台湾海峡。

噬人鲨

噬人鲨是鲨鱼早已灭绝的祖先，它的主要特征是有着结构厚实的牙齿，并且长有小锯齿的嚼咬边缘。身长大约 13 米，噬人鲨是地球上最大的食肉动物之一。像刀片般锋利的齿冠呈三角形，其侧面或者有或者没有小牙尖，根部厚实，没有供养凹槽。上颚大约有 24 颗齿，下颚大约有 20 颗齿。噬人鲨是家族之中最早、也体型最大的，它的侧面没有小牙尖。噬人鲨习性凶猛，在被钓捕或者受到枪击的时候，挣扎异常猛烈，还有袭击渔船和噬

人的记录。体型大的长达12米，普通的长约6～8米。主要捕食各种大型动物。但也会吞食大量小型鱼类与头足类。广泛分布于各热带、亚热带以及温带海区，在大洋洲海域中十分常见。

噬人鲨的凶暴

在众多的海洋生物中，说到凶狠残暴的噬人鲨，人们无不谈之色变。著名的灾难影片《大白鲨》，讲的就是和噬人鲨非常相似的白鲨为人类带来的威胁与灾难的故事。这个属很容易和现代白鲨混淆，这是因为它们的生活方式和猎物看起来非常相似，但这些都只是表面的，两者的关系实际上相差甚远。和噬人鲨长着相似小锯齿的牙在一些大食肉动物身上都有。

生性贪婪的噬人鲨拥有很多适应环境的特殊本领。所以，虽然已经历经1亿年的磨炼，但噬人鲨始终都没有被大自然淘汰。噬人鲨的身体非常修长，骨骼是坚韧的软骨，它的尾鳍宽大并且非常有力，不仅是非常有用的运动器官，还能够用来攻击敌人。它的嗅觉也十分灵敏，一点点血腥味就可以将在很远的地方的它们吸引过来。噬人鲨的牙齿就像一把把利刃，齿上又生

出锯齿，有仿佛一把把锋利地锯子。这些锋利的牙齿成排地长在嘴里，一旦落入这样的牙齿丛林之中，立即就会被磨成肉酱。

有人曾经做过这样的实验，将测试棒塞在新鲜的牛肉中让噬人鲨撕咬。根据测试到的数据推算，噬人鲨上下颌的咬合力达到了两吨。噬人鲨的牙齿还可以不停地“新陈代谢”。噬人鲨的牙齿是前后两排，前面的旧牙齿只要磨损或者因为咬噬坚硬的食物而折断了。坏牙马上就会自动脱落。而生长在后排的牙齿就会向前生长。顶替坏牙留下的空位。这也许就是噬人鲨为了捕捉相对稀少的食物而不得不进化出来的一种特殊的生理特性吧。噬人鲨属于软骨鱼类。但它的生殖方式却不是卵生，而是胎生的。这也许是噬人鲨为了更加适应恶劣的环境所演变而来的吧。实际上，并没有人见过噬人鲨生产的样子。这是由于噬人鲨的数量比较少，行踪也较为诡秘。人们只不过是在捕获的噬人鲨腹中发现过活的小鲨。

海中霸王

在浩瀚的海洋之中，被称为“海中霸王”的鲨鱼遍及世界各大海洋。鲨鱼的种类非常多，世界海洋中最少也有 350 多种，在中国的海域中就有 70 多种。大部分鲨鱼对于人类都是有利而无害的，鲨鱼的确有吃人的恶名，但并不是所有的鲨鱼都会吃人，仅有少数的鲨鱼具有无缘无故地袭击人类

或者船只的潜在危险。

鲨鱼为食肉性的动物，异常凶猛，就连“海中之王”鲸鱼遇到它也得退避三舍。它食饵时的贪婪凶残的样子，给人们留下了可怕的形象。因此，一提到鲨鱼，人们往往都会出现谈虎色变之感。鲨鱼捕捉食物的技巧要比老虎更高出一筹，它能够充分利用自己独特的嗅觉，探测食物存在的方向以及位置，而老虎也只是依赖自己的眼睛和鼻子寻找食物。

鲨鱼通常只吃活着的食物，有时也会吃腐肉，食物主要是鱼类。有人曾经在鼬鲨胃中发现了海豚、水禽、海龟、蟹以及各种鱼类等；在噬人鲨胃中曾经取出过一头非常大的海狮；双髻鲨的食物主要是鱼和蟹；护士鲨、星鲨的饵料则是以小鱼、贝类、甲壳类

为主。

鲨鱼在寻找食物的时候，经常会一条或者几条在水中游弋，只要发现目标就会快速出击吞食之。尤其是在轮船或者飞机失事有大量食饵落水的时候，它们会群集而至，处于兴奋狂乱状态的鲨鱼会想要把遇到的一切都吃掉，甚至相互之间会因为争夺食物进行残杀。

关于噬人鲨身体的秘密

虽然鲨鱼非常凶猛，面目可憎，但是它全身都是宝，是非常重要的经济鱼类。鲨鱼的肝脏非常大，含有丰富的维生素 A、D，是制作鱼肝油的重要原料；鲨鱼皮可以制成皮革，其鳍就是海味珍品——鱼翅。鲨鱼还能够作为药用。科学家研究发现，鲨鱼极少患癌症，但是也会患癌症，所以说鲨鱼可以治疗癌症是不正确的。根据化石考察与科学家的推算得知，鲨鱼已经在地球上生活了大约 1.8 亿年，它早在 3 亿多年以前就已经存在了，时至今日它的外形都没有太大的变化，这也说明它的生存能力非常强。可是它性格异常凶猛，难怪人们会对它存有如此大的偏见，认为它是那么的原始和愚笨。其实，鲨鱼不仅有着高度发达的脑子，能够借助电磁场导航，能够把信息储存在大脑的中心部位，而且还可以直接将信息发送到运动神经系统；并且凭借它敏感的嗅觉维持着全部生命活动。所以，嗅觉对于鲨鱼更显得非常重要且神奇莫测。

鲨鱼的嗅觉为什么如此灵敏

根据国外媒体的报道，鲨鱼能够在 400 米以外就闻到一滴血的味道。如今，科学家们揭开了鲨鱼通过它们惊人的嗅觉寻找猎物的秘密。

相关的研究发现，比较两个鼻孔闻到的气味的时候，鲨鱼会利用它们鼻子上的“立体嗅觉”探测两个鼻孔闻到气味的微小的时间间隔——半秒之内。研究人员还发现，在鲨鱼探测到这种时间间隔之后，它们就会去往第一次闻到气味的那个方向。研究人员将这一研究报告发表在《当代生物学》杂志上，它能够帮助人们解决一直令人困扰的鲨鱼之谜。

南佛罗里达大学的科学家们在实验室中对 8 只光滑角鲨与一只小的灰褐色的鲨鱼进行了实验。这份研究报告的第一作者珍尼 · 格蒂纳在一个装着50升海水的水槽里给鲨鱼的头部接上了两根管子，然后把腌鱿鱼的气味轮流通向鲨鱼的每只鼻孔。她从试验中发现，鲨鱼会依靠基于气味与水流的各种定向线索为自己确定方向以及寻找它们要找的东西。如果气味在到达一个鼻孔与另一个鼻孔的时间间隔在$\frac{1}{10}$和$\frac{1}{2}$秒之间的话，鲨鱼就会把头转到它们先闻到气味的那一侧。

这个研究组的一位发言人说："如果鲨鱼的两个鼻孔闻到气味没有时间间隔或者时间的间隔太长——1秒或者1秒以上，它们也许会转为相反的方向。这个结论推翻了关于鲨鱼与其他动物是根据两鼻孔闻到气味分子的浓度差别进行气味跟踪的说法。考虑到这个问题的物理学时，这项理论好像并不成立。"

格蒂纳博士说："动物利用气味的浓度来确定气味的方向，这是一种十分流行的说法。大部分的动物都有两个气味感应器，比如，鼻孔或者触角，长久以来人们都相信，它们会通过对两个鼻孔闻到气味的浓度的比较之后，转向接收信号最强的方向。可是，当气味在流动的空气或者水中到处分散的时候，这种分散造成的混乱难以想象。"

这项研究不仅使科学家进一步的了解鲨鱼，还可能致使因此推出寻找化学泄漏来源的水下机器人，比如，现在墨西哥湾海域的石油泄漏。格蒂纳博士说道："这一发现可能会被应用到新型水下机器人小红。以前的机器人的设计是通过比较气味浓度进行气味的跟踪，但是并没有起到什么效果，或者换种说法，活着的动物反应要比机器人快速。"

在墨西哥湾石油泄漏事件中，主要的浮油非常容易看到，主要泄漏源也较好找到，但是，可能存在很多其他小的泄漏源还没有发现。在这种情况下，以气味为导向的机器人就可能起到很大的作用。有些鲨鱼鼻子里的小器官就能够探测到一百万滴海水中的一滴血液。它们也经常会被其他动物排出的化学物质以及下水道口排出的污物吸引过去。

关于鲨鱼牙的有趣故事

所罗门群岛的居民主要是以捕鱼为生，可是海洋中凶猛的鲨鱼常常会袭击他们的船只，甚至伤人事件也时有发生，所以居民们和鲨鱼的斗争也成了他们日常生活中的一部分。并且，在当地年轻力壮的小伙子们还会把击败鲨鱼当做自己的荣耀。每当有小伙子杀死鲨鱼，他的亲人朋友都会对他祝贺，小伙子会将鲨鱼牙做成项链戴在脖子上，作为自己勇猛果敢的象征，谁项链上的鲨鱼牙越多鲨鱼牙越大他的荣耀也就越大。假如小伙子有心上人，也会把自己最喜欢的最大的一颗鲨鱼牙送给自己的心上人，当作彼此感情的见证！另外由于鲨鱼的凶猛和它对人们造成的危害，所罗门岛上的居民们还把鲨鱼牙或者鲨鱼骨做成的物品戴在身上，祈求辟邪保平安。

姥鲨

姥鲨是大型鱼类，它们有时会降入深处，有时也会游来近海索饵。它的俗名非常多，如：姥鲛、老鼠鲨、白肚鲨、太阳鲨、蒙鲨、昂鲨、戆鲨、象鲛。它是海洋鱼类中体型第二大者，通常栖息在外海之大陆棚以及岛棚水域，但也时常出现在岸边、潮间带外围或者内湾。一般几尾或者多达百尾成群在水表面缓慢地巡游，背鳍会露出水面，或者翻身晒腹。滤食性，以浮游无脊椎动物、小鱼湖综合鱼卵为食。有季节性洄游的习性，可能是卵胎生，体型最大的体长达 9 米。

姥鲨的体型呈纺锤形，躯干比较粗壮。鳃孔颇大，从背部一直延伸到胸部，几乎和对方鳃孔相遇。尾柄两侧各自有一突起，尾基上、下各具一凹洼。头大、略侧扁、锥形。吻较短 而且圆突。眼稍微较小，圆形，没有瞬膜。鼻孔狭小，位于口前，前鼻瓣短，为圆形；没有口鼻沟或者触须。口裂宽大，广弧形，具有唇褶；下颌很短，口闭起来的时候不露齿。颌齿细小而多，呈圆锥状，边缘很光滑，齿头向后，没有小齿尖，一般使用 4 ~ 7 列，每侧每行大概 100 左右。喷水孔细小，具有 5 个鳃孔，很宽，从背上侧延伸到腹面，位于眼后。鳃耙细长、密列角质，基部侧扁，端部鬃状，是取食的过滤器官。背鳍有 2 个，第一背鳍大而且略微呈等边三角形，起点在胸鳍和腹鳍之间，后缘凹入，上角略尖圆，下角微尖突；第二背鳍颇小，起点在腹鳍后端后边，后缘凹入，上角尖圆，下角微尖突；胸鳍宽大型，呈镰刀状，后缘微凹入，外角钝圆，内角钝圆；尾鳍叉形，尾椎轴稍微上扬，上尾叉又长又大，近尾端的地方有一缺刻，下尾叉比较短小。体背侧为灰褐色；腹侧为白色。

姥鲨是姥鲨科中的唯一成员。署名是来自希腊文的“海怪”或者“鲸鱼”以及“鼻子”的意思，种小名则是拉丁文中“最大”的意思。学名是根据1765年在挪威发现的一个标本而得来的。

姥鲨是比较呆钝的巨型鲨鱼，一般情况下被定为姥鲨一个种，很有可能不止一种。常常在水面漂浮湖综合游动缓慢。主要栖息于大西洋、太平洋以及印度洋的北部温带区。体型庞大，长达14米，除了鲸鲨之外超过其他的所有鱼类。主要是以浮游生物为食。体灰褐或者淡黑色。牙细长，鳃裂很长。通常不会伤害人类，零星的被猎捕，用来制作鱼粉和鱼肝油。有时也会搁浅在海滩上腐烂，但是很多人不知道，被错误地报道成巨海蛇。

姥鲨是生活在海岸到远洋带的鲨鱼，它们适应水温为8℃～14℃，主要分布在世界各地北面到温带近大陆棚的海域。太平洋、印度洋以及大西洋的温带和亚寒带海区，南北半球都有它们的踪迹。在中国东海、黄海，福建、浙江、上海、江苏和山东沿岸也都存在。它们经常会游近岸边湖综合进入海湾之中。它们会经常跟随浮游生物在水体中的浓度，所以有很大一部分在水面就可以见到它们。它们有迁移的习性，所以会季节性地出现在某些地区。

姥鲨具有十分明显的昼夜垂直移动现象，在拂晓与黄昏的时候会上升到表层，其他时间栖息在100米以下的深水层，最深可以深入到700～1000米的地方。性格比较迟钝，船只靠近它的时候也不逃逸。喜欢结成小群，每群大约60～100余尾，排列整齐，列成二或三个纵队。经常在天气晴朗的时候浮于水表层，背部紧贴着水面，将吻端、背鳍和尾鳍上叶露出水面，或者缓慢游动，张口滤食，或者翻身侧卧，露腹晒日；偶尔表体吸附有印鱼的时候，会不停地跃出水面，想要抖落身上吸附的印鱼。偶尔也会进入热带区。在西北太平洋，姥鲨在每年的春季会游向美国中部沿岸，夏季时节会北上，秋季和冬季就会转到外海。在每年3～4月份会从外海向福建东北部的沿岸迁移，5～6月份则出现在浙江温州、舟山一带，7～8

月份北上黄海到达山东的威海沿岸，秋季往南返回，转向外海。在厦门与漳浦的外海都捕获过姥鲨，广东、广西没有见到过。

最大的姥鲨标本是在1851年被缠在加拿大芬迪湾的鲱鱼网中被发现的。它的总长度为12.27米，体重达19吨。在挪威也被发现有超过12米长的姥鲨，不过这件事的准确性还有待验证。通常姥鲨大概有6米长，有部分会超过8米长。还有些标本的长度超过了9 ~ 10米，但是由于近年过度捕捞，这种体型的标本已经很罕见了。

姥鲨有着一般鼠鲨目的体形，曾经被误认为是大白鲨。其实这两种鲨鱼很容易分辨，姥鲨有一个像巨穴的颚（达1米阔，在摄食时会保持张开）、较长以及很明显的鳃裂（差不多环绕整个头部，并且有着更完善的鳃耙）、眼睛比较细以及平均腰围较幼。大白鲨则有着十分明显的像匕首的大牙齿，而姥鲨的牙齿就会少得多，而且呈钩状，大概只有5 ~ 6毫米。姥鲨的牙齿中只有上颚的首3 ~ 4列以及下颚的6 ~ 7列牙齿是起着作用的。而且它们在行为上也有着较大的差异。姥鲨的尾柄具有很多龙骨，皮肤布满盾鳞以及一层黏液，鼻端很尖以及尾鳍为半月形。体型比较大的姥鲨能够拍动背鳍。

姥鲨的身体会呈现很多的不同的颜色，通常背部都为深褐色至深蓝或者黑色，腹部则是呈暗白色。很多时候都会在它们身上发现不少伤痕，可能是受到八目鳗或者雪茄鲛的袭击。姥鲨的肝脏，占到了体重的25%，几乎有差不多整个腹腔的长度，相信在它们控制浮沉以及长期储存能量中起着非常重要的作用。雌性的姥鲨只有右边的卵巢是仍然有作用的，这也是鲨鱼中特有的一种特征。

姥鲨在中国的年产量一般为500 ~ 600尾，在1958年是产量最高的，最多的时候达到3000余尾。但是从20世纪70年代中期以来，数量已经不多了，年产量平均只有100 ~ 200余尾。

姥鲨为一种被动的滤食性动物，从每小时2000吨或综合500立方米海水当中滤食浮游生物、细少的鱼类以及无脊椎动物。它不像巨口鲨以及鲸鲨，姥鲨并不主动的追寻猎物，但是它们有着很灵敏的嗅球能够正确的引导方向。和其他大型的滤食性动物有所不同，姥鲨主要是依靠在游动的时候推入鳃中的海水，而巨口鲨以及鲸鲨却可以吸或者泵海水到鳃中。经过研究证实姥鲨没有冬眠的习性，它是全年活动的。在冬天的时候，姥鲨经常会潜入更深的地方（水深大约有900米），滤食深海中的浮游生物。卫星追踪器确认姥鲨在冬天的时候会游超过几千公里的路程去寻找浮游生物。

姥鲨也会不断舍弃和更新它们的鳃耙，并不是只在一个较短的时间内进行。姥鲨会在靠近水面的时候张开口以及竖起鳃耙来摄食。它们游动得非常缓慢，摄食的时候就只有2节，也不会像大白鲨躲避船只。它们对于人类没有伤害，同时也不会受到鱼饵的诱惑。姥鲨通常都是雌雄分开成群活动，一群只有3 ~ 4条，但是也有报道过，曾见到多达100只的群体。相信它们在群体活动时是根据视觉的，虽然它们的眼睛非常小但却发展非常完好的，已经知道的是，它们是透过视觉来观察，可能会将船只误认为是同种。捕猎姥鲨的猎食者非常少，已知的有杀人鲸以及虎鲨会猎食姥鲨。八目鳗也会经常被姥鲨所吸引，纵然它们未必能够割开姥鲨的厚皮。虽然姥鲨身体庞大且行动缓慢，但它们依然能够跃出水面。它们这种动作可能是为了驱逐寄生动物或者共生物。不过对于姥鲨跃动仍然存在疑团，因为它们最高的速度每小时也只有2公里而已，并且在受到鱼叉攻击的时候也没有这样的行为。

姥鲨为卵胎生动物，生长中的胚胎主要依赖卵黄，因为没有胎盘的连接，它们会吃没有受精的卵子。相信它的妊娠期超过1年，也有可能为2 ~ 3年，每胎的数目不确定但是很少，刚刚出生的幼鲨只有1.5 ~ 2米长。曾经只有一只怀孕的姥鲨被捕获，它就怀有6只没有出生的幼鲨。姥鲨通常会在初夏交配，雌性姥鲨会游到浅水区，在夏末分娩。姥鲨大约在6 ~ 13岁以及身长4.6 ~ 6米的时候，达到性成熟。繁殖期大概为2 ~ 4年。

姥鲨那些几乎不起什么作用的牙齿在交配的时候能够稳定雄性的身体。姥鲨的体形巨大，仅次于鲸鲨。体长约10 ~ 12米，体重超过5吨，捕获的姥鲨通常体长为6 ~ 10米，发现个体最小的体长为1.68米。繁殖习性不

太清楚，200年以前，曾在一只雌鲨体内取出过长300毫米的胎儿。根据1982年的报道显示，姥鲨的单个卵巢中含有卵数600万粒，卵径位0.5毫米，雄性储精囊中有精液11 ~ 13.6公斤。可能是属于卵胎生鱼类，雄性的体长在4.8 ~ 6米的时候达到性成熟，体长在3.4米以下交配器发育并不完全。它以浮游动物为食，以摄食浮游桡足类为主，并且会食鱼，沙丁鱼等小型的上层结群性鱼类。成年的鱼最大可以达15米，重达15000千克。

对姥鲨的保护和利用

因为姥鲨的游动速度非常慢、不具攻击性以及过往数量的丰富，曾经在历史上是渔业的主要收获。它们在商业上拥有非常广泛的用途：身体能够作为食物或者鱼粉，鱼皮能够作为皮革，有高角鲨烯成分的肝脏还可以制成鱼肝油。它们在内在被渔猎的主要原因是它的鳍，也就是鱼翅中的天九翅。姥鲨身体的其他部分，比如，软骨也会被用作中药。如今姥鲨的数目正在严重下降，在许多国家受到保护和限制其货物的贸易。姥鲨在英国、马耳他、科罗拉多州以及美国的海湾和大西洋都受到人们的保护。在新西兰的法律规定捕猎姥鲨是犯法的。船只以及潜水员接近姥鲨是可以接受的，所以在一些姥鲨经常出没的地区，接近姥鲨的活动也成了吸引旅客的一种常用方式。

加勒比海姥鲨

1868年10月24日《哈勃周刊》当中所提到的奇鱼，很有可能是姥鲨。曾经发现过的大型神秘海洋生物尸体，在最初的时候都被认为是大海蛇或蛇颈龙之类的，但是那是在斯特龙塞怪兽以及瑞洋丸的个案中，后来发现的则是属于被分解了的姥鲨尸体。根据美国《连线》杂志的报道，在经过长达半个世纪的搜寻之后，科学家终于发现了已经“失踪多年”的世界第二大鲨鱼——加勒比海姥鲨的踪迹。

根据科学家的介绍，这种鲨鱼能够长到将近 10 米那么长，重量也非常惊人，它们在春末、夏季以及秋初的时候会待在温带的海洋里。但是在 50 年前，它们突然神秘地消失了，好像在躲避科学家的探寻。美国的马萨诸塞州海洋渔业部的水生生物学家格雷格·斯科曼尔表示：这是 50 年来的一个大谜团。有人认为它们很可能是去海底冬眠去了，但是鲨鱼并没有冬眠的习性。斯科曼尔有幸发现了这种鲨鱼，为了能够更好地研究它们，科学家给这个巨鲨打上了标签，通过卫星对它们的行踪，后来才发现它们的神秘去向。他发现这种巨鲨迁移到了加勒比海的深海中，还有一些远远地跑到了巴西海岸。不过，科学家对吸引加勒比海姥鲨的原因并不清楚。

科学家也发现这种姥鲨较为温和，一小时大约可以游 5 公里，在它 1.2 米宽的大嘴张开以后，一小时的时间能够喝进大约 50 万加仑的水，用来进食水中的浮游生物。像大多数大鱼，这种姥鲨非常难跟踪，它们很少会露出水面，而标签必须得在水面上才能够将信息传送回卫星。斯科曼尔为它们配上一种专门的标签才得以解决这一问题。而且，这种标签能跟踪与贮存它们在海洋中的深度、温度以及光亮度，然后按照预先设定的日期让标签浮上水面。只要标签浮出水面，就会把它们的整个行程记录传输到卫星。接下来，斯科曼尔就能够利用新颖的分析技术来确定这个鲨鱼每时每刻的位置，通过追溯姥鲨的行程来发现这些鲨鱼的神秘隐藏地。在这个研究中，他发现这种鲨鱼并不是按照它们熟知的路线走，不过他们对于不熟悉的路线也能够一路走好。它们会有几个月都待在加勒比海的温水之中，甚至潜入到南半球。它们还会定期潜入到 900 多米深的海水

当中，在这个深度中它们能一次连续待上数月。其中的一只鲨鱼在大约有 180 米深海中连续待了 5 个多月。它们能够在深海里长住依旧是一个谜。斯科曼尔说：“它们很可能在繁殖后代，不过，没有人见到过姥鲨宝宝，也没人发现过怀孕的姥鲨，也不知道它们在什么时间怀孕以及孕期有多长。”斯科曼尔计划对于鲨鱼继续进行进一步的跟踪研究。

鲸鲨

目前，世界上最大的鱼类鲸鲨，是须鲨目的一种。鲸鲨是鲸鲨科以及鲸鲨属中的惟一成员，也是一种滤食动物。这种鲨鱼大约出现在 6000 万年以前，生活在热带与亚热带海域之中，寿命大概有 70 年。虽然鲸鲨有非常宽大的嘴，不过它们还是主要以小型动植物为食的。

鲸鲨是鱼类中最为庞大的，也是最大的鲨，一般体长在 10 米左右。最大的个体体长达到 20 米，体重为 10 ~ 15 吨，是鱼类之冠。它的身体比较粗大，每侧各有两个非常显著的皮嵴。眼睛很小、没有瞬膜。嘴非常大，上下颌有唇褶。齿细小并且很多，圆锥形。喷水孔小，位于眼后。鲤孔有 5 个，很宽大。鳃耙角质，分成很多小枝、结成过滤港状。背鳍有 2 个，第二背鳍和臂鳍是相对的。胸鳍宽大。尾鳍分叉。

体灰褐或者青褐色，身体有着很多黄色斑点与垂直横纹。体呈圆柱状；体侧的隆嵴十分明显；头扁平并且很宽广。吻短。眼小，侧位，没有瞬膜。喷水孔更小，位于眼的后方。鳃裂特别大，有着非常独特的过滤构造，含横断每一鳃裂的薄板，另外在鳃弧上还有很多角质滤耙，被分为许多小枝，交叉成海绵状的滤器。口裂非常大，前位，横向；口角具有唇褶；没有口鼻间沟。

鲨鱼的牙齿十分规律却又很松散地镶嵌在肌肉纤维中，这种肌肉纤维就相当于牙床。在新老更替的过程之中，老的牙齿会不停地流血然后被新的牙齿所取代。牙齿数量最多的鲨鱼很可能就是鲸鲨，更令人惊讶的是，它的口腔就像一个庞大的过滤器。它的口腔中有着几千颗细小的、钩状的牙齿，每一颗牙齿大概长为 2 ~ 3 毫米，排成 11 ~ 12 排。

排列在上下颌。这些牙齿一年最少会更换两次。那么如果鲸鲨的寿命与人类相等的话，它真可以称得上是牙齿最多的动物了。但是，它是否真的使用了如此多的牙齿至今还是个谜。它的第一背鳍远远大于它的第二背鳍；胸鳍非常大，为稍窄的镰刀状；臀鳍和第二背鳍一样大，基底也是相对的；尾鳍叉形，上尾叉要比下尾叉长 2 倍，由上叶以及下叶的中部、后部组成，下尾叉则由下叶前部突出而成。身体呈现出灰褐色至蓝褐色，体侧散布着很多白色斑点以及横纹，而这些斑纹排列呈现棋盘状。

鲸鲨生活在暖温性大洋海区的中上层，性情温和，不会攻击人。它的游动速度非常缓慢，经常会漂浮在水面上晒太阳。它以浮游生物、甲壳类、软体动物以及小鱼为食。食量不大，科学家最近才意识到，鲸鲨并不像人们之前所认为的是一种运动迟缓的动物，其实，它们会像从高空俯冲而下

的鹰的动作，异常迅速的俯身向下，潜到深水中。

位于菲律宾的 DONSAL 地区，为世界著名的鲸鲨观赏海域，在每年 3 ~ 5 月份，都会出现大批的野生鲸鲨，可以乘坐当地的螃蟹船浮潜观赏。另外，在日本冲绳的美丽海水族馆中，目前也人工养殖有三条成年鲸鲨，号称亚洲最大的水族箱。

鲸鲨是滤食性的动物，是目前已知的 3 种滤食鲨鱼之一，其余的 2 种分别是巨口鲨和姥鲨。鲸鲨主要是以浮游生物、巨大的藻类、磷虾和小型的自游动物（比如，小型乌贼和脊椎动物）为食的。它们的牙齿并不是起着觅食的作用，实际上它的作用并不大。取而代之的是：鲸鲨把水吸进嘴中，然后闭上嘴巴，会从鳃中将水排出。在嘴巴关闭和鳃盖打开的短暂时间中，浮游生物就被排列在鳃和咽喉的皮质鳞突困住了。这个类似于过滤器般的器官就是鳃耙的独特变异，能够阻止任何大于 2 ~ 3 毫米的物体通过，而液体就会被排出。任何被鳃条见过滤器官所阻塞的物体全部都会被鲸鲨吞下去。

鲸鲨曾经被观察到有“咳嗽”的行为，经推测，这可以是清理累积在鳃耙之中食物的方式。鲸鲨经常会聚集在贝里斯加勒比地区海域的礁石区，捕食巨大的巴西笛鲷的鱼卵，这些鲸鲨卵通常都出现在5、6、7月的满月和弦月之间。鲸鲨是一种非常活跃的滤食生物，依靠嗅觉来攻击浮游生物或者鱼类的这些目标。鲸鲨在觅食的时候不需要向前游泳，它们常常被观察到利用上下摆动来吸入和排出海水来得到食物。这和姥鲨完全相反，它们是比较温和的滤食者并且不会吸入海水，它们靠着游泳迫使海水通过鳃。英国广播公司的《行星地球》这部自然纪录片曾经拍摄到过一只正在捕食小型鱼类的鲸鲨。

虽然鲸鲨具有庞大的身躯，但是它并不会对人类造成重大的危害。它们常常会被科学家用来对社会大众进行科普，不是所有的鲨鱼都会“吃人”。事实上，鲸鲨的性格是相当温和的，优势也会和潜水人员嬉戏。有一项没有经过证实的报告曾指出，鲸鲨会保持静止，把身体倒反过来让潜水人员清理其腹部的寄生生物。潜水人员可以和这种巨大的鱼类一起游泳并且不会遭受任何危险，除了有些被鲸鲨巨大的尾鳍无意中击中的以外。

潜水人员经常能够在洪都拉斯海湾群岛、泰国、红海、马尔代夫、西澳大利亚（宁哥路珊瑚礁）、巴西、莫桑比克、南非的苏达瓦那湾（大圣路西亚湿地公园）、科隆群岛、墨西哥女人岛、马来西亚西部、塞舌尔、斯里兰卡以及波多黎等这些地区近距离的观察鲸鲨的活动。菲律宾为世界上鲸鲨分布密度最高的地区。鲸鲨常常在1～5月份这段时间聚集到菲律宾索索贡的浅海岸区。某些幸运的潜水人员也会在塞舌尔和波多黎各发现鲸鲨群。目前我们所知的是，它们会在9月到12月期间沿着墨西哥的下加利福尼亚州游动。近期，也有人发现鲸

鲨会在西马来西亚东海岸的天鹅岛附近出现，有时候鲸鲨会跟随者其他小型的鱼类一同出现。

鲸鲨大多生活在暖温性大洋海区的中上层，主要分布于热带和温带海区，在中国南海、台湾海峡、东海、黄海南部比较常见。鲸鲨主要栖息在热带和温带海域，大约分布在南北纬30度的范围以内。目前认为鲸鲨主要会在远洋地区出没，而鲸鲨季节性的觅食活动有时也会发生在几个沿岸地区，比如，西澳大利亚的宁歌路珊瑚礁、洪都拉斯、菲律宾的董索和八打雁以及坦桑尼亚的奔巴岛和桑吉巴。虽然鲸鲨经常会在近海出没，不过也曾经在沿岸、潟湖、珊瑚礁和河口看到过它们的踪影。人类也曾经于700米深的海域中发现过鲸鲨。鲸鲨一般都是单独活动，除非在食物非常丰富的地区觅食，否则它们很少会群聚在一块。雄性鲸鲨的活动范围要比雌性更大，因为雌性鲸鲨很喜欢出现在某些特定的地点。

鲸鲨的繁殖和现状

目前，生物学家们对于鲸鲨的繁殖习性仍然存在很多疑问。生物学家在20世纪中叶之前，对于鲸鲨是胎生或者卵生都仅仅止于臆测。之后，有生物学家在1956年根据在墨西哥近海发现一颗覆有鲸鲨胎仔的卵壳，才确定它们的确是卵生动物。直到1996年7月，台湾台东地区的渔民捕获一条雌鲨，从这条鲨鱼的体内发现了300条幼鲨以及卵壳，从而显示出鲸鲨为一种卵胎生动物。鲸鲨会把卵留在身体中，一直在幼鲨生长到40～60厘米后才会释出体外，这也显示出幼鲨并不是全部同时出生。雌鲨会把精液保存下来，然后在一段时间中稳定的繁

殖出幼鲨。生物学家们认为鲸鲨会在 30 岁左右的时候达到性成熟，它们的寿命能够达到 70 ～ 100 年。历史上最小的活鲸鲨样本是在 2009 年 3 月 7 日菲律宾的海洋动物研究人员发现的，长度只有 38 厘米，与成年男性的前臂长度很接近。当时人们是在菲律宾的海滩上发现的，这条鲸鲨马上就受到研究人员的照顾并且被送回了野外。科学家相信这次的意外事件很可能会让他们发现一个鲸鲨的繁殖地。

鲸鲨几乎不存在天敌，人类捕捞是导致它们数量减少的一个原因。鲸鲨在几个季节性聚集的地区是水产业的目标之一。东南亚，尤其是台湾地区为鲸鲨主要捕捞区，捕捞上来的鲸鲨主要被食用它们的肉鲸鲨质，有时也会把它的鳍割下用来制作鱼翅。在其他地区虽然并不是主要的捕捞对象，但有时也会被误捕。目前生物学家仍然无法得知鲸鲨的数量，而鲸鲨也被世界自然保护联盟列为濒危物种。菲律宾在 1998 年禁止了所有有关鲸鲨的商业猎捕、贩卖、输入和输出活动，印度在 2001 年 5 月开始禁止，从 2003 年开始，台湾把鲸鲨的捕捞数量限制在每年 80 尾。从 2008 年 1 月 1 日以后，则开始全面禁止此类商业活动。

巨口鲨

巨口鲨科是鼠鲨目的一科，是一个新发现的品种，学名为：八鼓鲨，花莲的渔民称之为大古鲨（非保育类），这种海洋动物非常罕见，它分布于世界各地，栖息的深度大约在 5 ～ 1000 米之间。

巨口鲨是鲨鱼家族中最为稀少并且是最为神秘的鲨鱼之一。巨口鲨的头大，嘴大，细牙成须状，与姥鲨科以及鲸鲨科的鲨鱼一样，是以过滤浮游

生物为食的，尾巴长，但是与长尾鲨科并不一样，它上半叶上翘的不厉害。

除了鲸鲨与姥鲨以外，巨口鲨是人们目前所知的第三种以浮游生物为生的鲨鱼。如今，已知现存最大的巨口鲨的样本身长是5.63米，这也表示，与其他靠浮游生物维生的鲨鱼同类相同，巨口鲨同样能够成长为庞然大鱼。巨口鲨最为独特的相貌正如它的名字所示，正是它那巨大并且奇形怪状的嘴巴。巨口鲨与大白鲨、尖吻鲭鲨都是近亲，而且它似乎和两者一样分布范围都非常广阔。塞内加尔、南非、巴西、菲律宾、泰国等地的近海地区都可以捕到巨口鲨，尤其在加州和日本，都曾经发现过几头巨口鲨，很有可能这两个地区就是这种神秘生物的繁殖地。巨口鲨好像是趁着黑夜才会在海面进食，白天反而潜隐到海水深处。它们的行动似乎非常缓慢，而且要比姥鲨的动作更为迟缓，有人曾经见到过巨口鲨被抹香鲸所捕食。

关于巨口鲨的秘密发现

1976年11月15日，美国的水文地理考察船“MBC”号完成了对夏威夷群岛北部深达4800米水域的考察之后，在往回拉一个伞状防坠器的时候意外捕获了一只体长为4.5米，重达750公斤的特大的鱼，而且它居然具有一个宽达1米的大口。而这条鱼就是人类发现的第一条巨口鲨，这是一条雄性巨口鲨。它被保存在火奴鲁鲁博物馆中，是属于一个鲜为人知的鲨鱼族群。

第二条巨口鲨是在在此之后的第八年，在1984年11月在距离加利福尼亚附近的圣卡塔林娜岛捕获的，据说当时这条鱼成为新闻关注的焦点。从此之后，搜索大嘴鲨的行动纷纷开始展开。1988年至1990年间，人们

又发现了 4 条大嘴鲨，它们分别在西澳大利亚的印度洋、日本海域（2 条）与加利福尼亚海域。令人遗憾的是，捕获的 6 条全部都是雄性。一直到 1994 年 11 月，终于在日本九州岛福冈市的海岸发现了一条雌性大嘴鲨，不到 2 个小时，CNN 就为世界展示了这条长为 4.8 米，重达 800 公斤的雌性巨口鲨。经过赶到日本的美国专家鉴定，这是一条从来没有生育过的大嘴鲨，它的卵巢只有 3 毫米大，看来仍处在发育中。然而这条珍贵的标本非常不幸地落到了日本人的手中，研究方法自然也就日本味十足。2006 年 3 月中旬，浙江省乐清县岐蒲镇渔民在中国东海南部（靠近台湾北部）的海域捕获一条体长为 45.6m 的鲨鱼，经过鉴定被确定为中国大陆沿海鲨鱼的一个新纪录种。

保护鲨鱼行动

早在 2007 年的时候，美国野生救援协会与中国社会调查所共同发表了让公众自觉减少鱼翅消费的倡议，拯救濒危鲨鱼类，维护海洋的生态平衡。2009 年 2 月，欧盟委员会出台的一份旨在保护鲨鱼类的行动计划，将限制或禁止在濒危鲨鱼生长区捕鲨，严格限制只获取鲨鱼鱼翅的行为，并且会加强对于鲨鱼捕捞与鲨鱼产品贸易的监控。根据这个行动计划，欧盟

将会和相关地区的渔业管理组织一同对于鲨鱼的捕获总量进行控制，采取多种措施以减少误捕，对于误捕但是有存活可能的鲨鱼要进行放生等。这个行动计划对于只获取鲨鱼鱼翅的行为会进行更加严格的限制。目前，欧盟的法规允许在船上将鲨鱼的鱼翅取下，但是不允许把无翅鲨鱼重新丢弃到海中。为了防止作弊，欧盟法规有详细的规定，所获鱼翅的总重量不能超过所捕获的鲨鱼总重量的 5%。根据新的行动计划，鲨鱼的鱼翅不能在船上取下，获捕捞特许的渔船只能在同一个港口以及某个固定的时间内把捕获的鲨鱼全部卸下。

世界上最大的巨口鲨

目前，世界上最大的巨口鲨，是台湾花莲的渔民所捕获的重达 807 公斤的巨口鲨。这只难得一见的“巨口鲨”也是世界第三十只被捕获的巨口鲨，经过测量，它体重为 807 公斤、长 5.07 米打破了世界纪录，成为目前世界第一重的巨口鲨。

据说，当时的花莲渔民花费了将近两个小时的时间，才将807公斤重的巨口鲨从七星潭外海拖回渔港。虽然以前已经捕过三只巨口鲨，但是这次因为体型很大，所以吸引了许多的民众围观。花莲区渔会的总干事王铭章认为，原来以为这种长期在冰冷、深海活动的巨口鲨，浮上浅海是由于地震关系，后来经过进一步了解，才知道巨口鲨与鲸鲨相同，是由于天热的关系才浮上浅海的。

双髻鲨

双髻鲨是鲨纲、双髻鲨科鱼类的统称。它的头宽并且平扁，呈锤或者铲形。双髻鲨的两眼以及两个鼻孔分别位于头侧突出部分的两端。头部的形状比较特殊，能够加大机动性；它的两个鼻孔远远的分开，能够更加容易辨认气味。快速、凶猛，能够在海上、近岸或者半咸的水中见到。双髻鲨的性别非常容易区分。在雄鱼的肛门附近有一对伸出，是被称为交合突的器官。交合突是一种管状的器官，它的内部是由软骨支撑的。交合突的内侧有一条沟槽，雄鱼通过这个槽将精液导入雌鱼的体内。它们主要是以魟、鳐、其他鲨类以及其他的鱼类为食。一些双髻鲨也能够被用作制革和炼油。

长久以来，双髻鲨都被人们认为是可怕的吃人鲨类。有三种非常危险，大锤头鲨，最大的能够达4.5米以上；路氏双髻鲨，体长约3米；平滑锤头鲨，可长达4.25米左右。这三种鲨鱼均为淡灰色，分布遍及所有热带海洋。平滑锤头鲨是很有价值的游钓鱼，在较冷的水域也有分布。三者主要的区别在于头前缘的形状：前缘平直并且中间凹入的是大锤头鲨；前缘外曲而中间凹入的为路氏双髻鲨；前缘凸出但中间不凹入的则是平滑锤头鲨。

双髻鲨的特殊生活习性

有研究人员提出，锤头鲨的脑袋就好像一个水中翼，能够帮助它们在水中自由遨游，并且分布在锤头鲨脑袋前方的化学传感器、电子传感器与压力传感器对于它的生存也有非常大的帮助。双髻鲨能够迅速且准确地判断出猎物的方向以及速度。锤头鲨有着一嘴尖利的牙齿，能够将猎物吓得胆战心惊。它们也是海洋中贪婪的掠食者。鱼类、甲壳类以及软体动物全都是它们的美餐。双髻鲨常常在海滩、海湾以及河口处出没，在珊瑚礁之中寻找食物。双髻鲨是一种非常危险的鲨鱼。每年，在世界范围内，各地都有双髻鲨袭击人类的事情发生。不过，这种行为只是双髻鲨在受到惊吓时的极端反应。假如你不用鱼叉向它挑衅，双髻鲨是不会伤人的。双髻鲨属于迁徙性的鱼类。每当季节更替的时候，都会有大群的双髻鲨组成浩浩荡荡的迁徙队伍，进行长途旅行。夏天时，它们会游到温带海域避暑。冬天时，它们游到热带海域越冬。

双髻鲨为卵胎生的生殖方式。雌双髻鲨的体型越大，卵的个头就会越大。一只体形较大的雌双髻鲨一次就能够产下40枚卵。这些卵在雌双髻鲨体内孵化出小鲨鱼以后，雌双髻鲨就开始生产了。

双髻鲨的头型之谜

为什么锤头鲨会长着那样一个外形如此奇特的脑袋。虽然有一种理论认为，两只眼睛分列在一个宽宽的“锤头”两边，有助于提高锤头鲨的视野，但是科学界对于这种观点是有着很多不同的意见，这种头型究竟是有助于改善视野，还是不利于观察外界，科学家们也莫衷一是。然而，现在有一项研究或许能够解决这个难题。根据研究显示，这种头型能够使鲨鱼具有非凡的双眼视觉，使得锤头鲨具有 360° 全方位视野。这项研究的结果发表在《实验生物学》杂志上。

波卡拉顿佛罗里达州大西洋大学的米歇尔·麦克库姆博士说，在过去几个世纪，大家一直在争论为什么锤头鲨会拥有这种形状的脑袋；在过去几十年，这种鲨鱼的视觉能力同样一直是人们争论的话题。比如，1948 年研究脊椎动物的眼睛进化的权威人士、动物学家戈登·威尔斯曾指出锤头鲨眼睛的位置，会妨碍它的双眼视觉。

但是，首席鲨鱼专家伦纳德·坎普葛诺却在 1984 年提出，锤头鲨两眼之间的距离很可能会使它具有非凡的双眼视觉。当两只眼睛的视野重叠的时候，就会出现双眼的视觉，双眼视觉能够精确的感知深度与距离。对于那些需要对猎物的距离做出判断的食肉动物而言，这种能力显得非常重要。然而麦克库姆说，虽然双眼视觉显然十分重要，但是“数十年来人们一直都在锤头鲨的前向视觉能力，但是没有人对此进行过相关试验”。所以，她

与他的同事们——美国夏威夷大学的蒂莫西·特里卡斯教授与佛罗里达州大西洋大学的斯蒂芬·卡久拉一起，决定进行这方面的实验。

他们将很多不同种的鲨鱼放到一个水族馆中，每种鲨鱼都有着不同形状的脑袋。然后他们将传感器放置在鲨鱼的皮肤上，以此测量鲨鱼的大脑活动情况，重点来测试它是否能够对从水族馆的不同位置所发出的光束做出反应。利用这种方法，他们能够测量出每种鲨鱼的视野范围。麦克库姆说："经过这项研究，我们证实，锤头鲨具有前向双眼视觉。"这就意味着它们在海洋中遨游的时候，可以看到脑袋的正前方，并且能够精确地判断距离，尤其是要捕杀的猎物和它们之间的距离。更加重要的是，这些研究人员还发现，两只眼睛的视觉重叠范围也会随着脑袋宽度的增加而增加。有着正常脑袋的鲨鱼，比如，柠檬鲨，它两只眼睛的重叠视野只达到10度。

路氏双髻鲨的脑袋相对来说较宽，它们的两眼交叠范围高达32度。翼头鲨的视野重叠度数为48度，麦克库姆用"游泳的飞镖"来形容这种鲨鱼，因为它脑袋的宽度几乎是它体长的一半。他解释说："锤头的脑袋越大，两眼间视野的交叠范围就会越多。"

这个结果也使研究人员倍感吃惊。麦克库姆表示："我认为锤头鲨是没有双眼视觉的，因为它的眼睛分别朝向它脑袋的两侧。但是研究结果却显示，眼睛的位置正是它们拥有双眼视觉的关键。"她表示，锤头鲨的眼睛稍微向前，而这时的两眼的视野相交在一起。麦克库姆说："这项研究证明，视觉在这种海洋最奇特的一种生物的进化过程当中起着非常关键的作用。

从200多年以前，人类第一

次发现锤头鲨开始，这个问题一直都在困扰着科学界。锤头鲨非常奇特的脑袋形状给它带来很多好处。这种鲨鱼在海洋中畅游的时候，只要稍微扭动它的脑袋，就能够看到身后的情况。更为奇特的是，这种鲨鱼的眼睛位置，能使它们看到垂直面 360 度范围以内的动向，这就意味着锤头鲨随时随地都能观察到它们的上方和下方的情况。不但能够提高捕食猎物的能力，它的这一能力还对于那些有可能被较大鲨鱼捕食的较小鲨鱼有一定的好处。

因为人类的大量捕杀（主要是为了满足对鱼翅汤的需求），导致锤头鲨如今的生存现状不容乐观。仅以太平洋美洲海岸的科特斯海为例，每年就会有数千头的锤头鲨遭到捕杀，而那个地方曾经是地球上观察锤头鲨的最佳地点之一，但是如今在那里已经很难再见到锤头鲨出没了。有人估计，现在科特斯海的锤头鲨数量极有可能只有 20 年前的 10%。

虎鲨目

宽纹虎鲨

虎鲨目是虎鲨科属的十几种鲨鱼的统称。都是海产，但是没有在大西洋见过，仅在太平洋和印度洋的热带海区出现过；在东太平洋，分布在加利福尼亚到加拉帕戈斯群岛。主要以贝类为食，他的牙齿非常适于压碎和研磨，虎鲨目的鲨鱼都不是贪婪的掠宽纹虎鲨掠食者，更不会是食人鲨。

生活在澳大利亚太平洋水域的澳洲虎鲨长达 3 米。它有着圆锥形的头部，通气孔位于眼睛的后面，嘴比较短。喜欢生活在大陆架的边缘 6 ~ 37 米的区域。能够利用双鳍在底部“行走”。属于卵生型，卵比较宽、呈螺

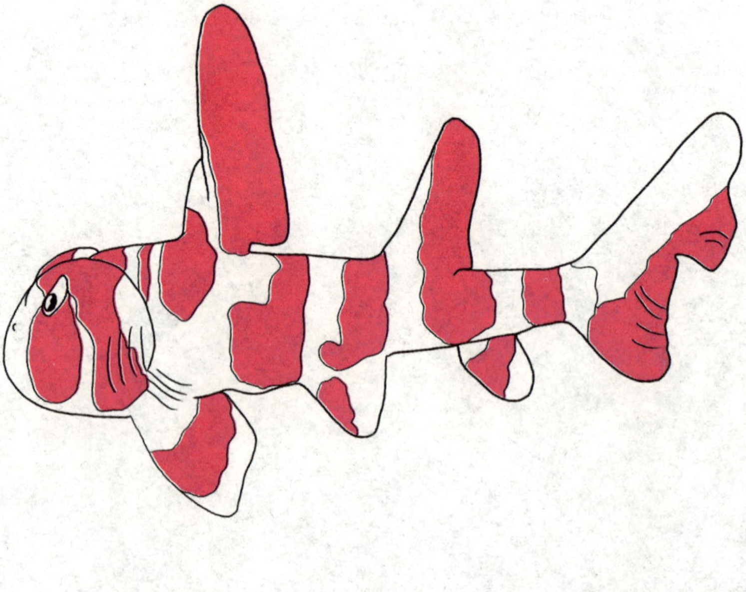

旋状。雌鲨一般一次会产两个卵，大约需要一年时间进行孵化，刚孵化出来的小鲨崽大约长 18 厘米，雄鲨的成年后长约 70 厘米。可以喂养甲壳类动物、软体动物、海鱼以及海胆。

它是虎鲨目虎鲨科虎鲨属的一种。体长达到 1 米以上。身体延长，前部较粗大，后部较为细小。头部比较高大，方形，眼椭圆，宽纹虎鲨分布型，上侧位，没有瞬膜。眼眶上突起显著。鼻孔很大，近吻端和口隅相通形成鼻口沟。口平横，唇褶比较发达。牙上、下颌同型，前部的牙齿非常细小，有齿头 3 ~ 5 个；后部的牙宽扁，臼齿状、方形湖综合长方形，齿面圆凸，用于使用的有多行。喷水孔很小，喷水孔位于眼的后缘垂直线下方。有 5 个鳃孔，一次向后逐渐狭小，最后的 3 ~ 4 个鳃孔位于胸鳍基底上方。背鳍有 2 个，都有一硬棘；尾鳍短，帚形，尾椎轴略微上翘；上叶比较发达；臀鳍起点稍微往后，位于第二背鳍基底，基底和尾基间距比基底长不到 2 倍；腹鳍近方形，鳍脚很粗大，为圆管形；胸鳍大。身体颜色呈黄褐色，并且还有深褐色宽横纹，在头后宽狭纹交叠。主要分布在黄海以及东海。在日本、朝鲜沿海也有分布。通常它们会在较寒水域近海底层栖息。运动并不活泼，食贝类与甲壳动物。卵生，卵壳为螺旋形。产量非常少。

澳大利亚虎鲨，又称为杰克逊港鲨鱼，常常出没在澳大利亚南部的海岸区域，有时也会出现在杰克逊港以外的水域。它的头部很大，还有着较为突出的前额，灰褐色的体色上有像马身上的深褐色斑纹。澳大利亚虎鲨是有着迁徙习性的鱼类，夏天会迁往南部，冬天就会回归北面产卵。它们喜欢以硬壳的软体动物、甲壳亚门、鲍鱼以及鱼类为食。

澳大利亚虎鲨的特点

澳大利亚虎鲨共有五个鳃，第一个只用于支撑单排的鳃丝，而其余的则是用于支撑双行的鳃丝。第 2 ~ 5 个鳃弓用来支撑一片被称为隔膜的肌肉以及连接组织。在它每一只眼睛之后都有一个呼吸器官，被称为呼吸孔。每个鳃丝从顶到底部都是纤幼、紧密以及横向的鳃组织，被称为次级鳃薄板。这些薄板是用来进行气体交换的地方。每一块薄板都会有着微细的动脉，里边的血液的流向是和水流相反的。为了弥补海水中较低的氧气含量，海水经过次级鳃薄板的速度，要比空气经过人类肺泡的速度慢 20 倍。这种延迟的方法可以使海水中的氧有着非常充足的时间渗入到澳大利亚虎鲨的身体中。

澳大利亚虎鲨能够在同一时间内摄食和呼吸。因为一般的鲨鱼在游泳的时候需要张开口来把水压入到鳃中，所以澳大利亚虎鲨的这种能力是非常罕见的。它们可以把海水泵入第一组鳃裂当中，并且再从其余的四个鳃裂排出。通过把海水泵入其余的鳃中，澳大利亚虎鲨能够在移动的时候不呼吸。它们能够这样在海底中潜伏很长一段时间。

澳大利亚虎鲨通常情况下都是在深冬到初春产卵。在这段时间它们会在暗礁以及洞穴底产下大量的卵。一般情况下，它们每年的冬天都会在同一地方，甚至会在同一个深坑湖综合洞穴中产卵。澳大利亚虎鲨在夏天的时候一般会往南迁 800 公里，并且在冬天时返回。它们每胎可以产下 15 颗卵，并且挤在岩石裂缝当中或者海带中。它们的卵非常坚硬，为深色呈螺旋形，大约 7 ~ 8 厘米阔及 15 厘米长。刚产下的卵大多都是柔软的，慢慢地才会变得坚硬。卵需要 10 ~ 12 个月才可以孵化。幼鲨在孵化以后会独自成长，雄性需要大概 8 ~ 10 年才可以达到性成熟，雌性更是需要 11 ~ 14 年。

澳大利亚虎鲨需要很长的时间消化食物。食物会从口部逐渐沿着 J 型的胃部作储存以及初步的消化。不需要的物质也会在这个时候被吐出。它们可以把胃部反转，并且吐离口部用以排出它们不需要的物质。和哺乳动物不同的地方是，澳大利亚虎鲨的小肠异常短。在这么短的小肠中还有很多螺旋瓣及转，能够提高表面的面积用以消化食物。澳大利亚虎鲨的身体中最明显的器官是肝脏，它的肝脏很大，几乎占据了整个体腔的位置。

虎鲨属

虎鲨属有以下几个物种：

1. 眶嵴虎鲨

眶嵴虎鲨生活在近澳大利亚太平洋西的大陆棚中，分布在水面到水深 90 米处。它们可以生长达到 1.5 米。眶嵴虎鲨在深海底以及浅海底鲨鱼中是一般普遍，主要出没于近岸至 90 米的水深处。它们主要以鲍鱼为食，也有的会吃甲壳亚门、软骨动物以及细小的鱼类。它们都是卵生的，卵是螺旋凸缘的，而且还有长的卷须。幼鲨在出生的时候大约有 22 厘米长。眶嵴虎鲨的身上有黑色的阔线或鞍形斑纹，其头上还有冠。

2. 宽纹虎鲨

宽纹虎鲨，亦称虎鲨，一般都生活在大陆架边缘 6 至 37 米的地方。它的鳍可以用来在海底“行走”。身体总色调为黄褐色，具深褐色宽横纹，在头后宽狭纹交叠。分布于黄海及东海。日本、朝鲜沿海也有分布。

本鱼体延长，具两个背鳍各有 1 硬棘；眼无瞬膜，鼻孔与口间有深沟相连。吻短钝，由臀鳍基底后端至尾鳍下叶前端之距离，比臀鳍基底长不到两倍。体侧由头至尾有 8 至 10 条不明显脂暗色横带。卵生型。它的卵宽宽的、呈螺旋状。雌鲨一般情况下一次产两个卵，需要大约一年时间孵化，宽纹虎鲨刚孵化出来时只有 18 厘米，雄鲨成鱼后有 70 厘米。以甲壳类动物、软体动物、海鱼及海胆为食。

3. 墨西哥虎鲨

墨西哥虎鲨是虎鲨属的一个物种，主要生活在热带的东太平洋海面至水深50米处。它们可以生长达到70厘米。墨西哥虎鲨可以在沿岸的海上、近岸的岩石以及砂石区域水深20米处被发现，它们都是卵生的，可以把它们用来制成鱼粉。

4. 澳大利亚虎鲨

澳大利亚虎鲨又名杰克逊港鲨鱼，是虎鲨属下的一个物种，常出没于澳大利亚南部的海岸区域，包括杰克逊港以外的水域。

澳大利亚虎鲨头部很大，前额也很突出，体色为灰褐色，具有深褐色的斑纹。澳大利亚虎鲨有五个鳃，首个只支撑单排的鳃丝，而其余的则支撑双行的鳃丝。澳大利亚虎鲨可以同时呼吸和取食。因为一般鲨鱼在游泳时要张开口来将水压入鳃中，所以澳大利亚虎鲨的这种能力是非常罕见的。它们可以将海水泵入第一组鳃裂中，并经过其余的四个鳃裂将海水排出体外。通过将海水泵入其余的鳃中，它可以做到在静止时时呼吸，而且它们能够在海底中潜伏相当长的一段时间。

澳大利亚以硬壳的软体动物、甲壳亚门、鲍鱼及鱼类为食。与哺乳动物不同，澳大利亚虎鲨的小肠非常的短。这么短的小肠内有很多螺旋瓣及转，可以提高表面面积来消化食物。澳大利亚虎鲨需要长时间来消化食物。食物会由口部移往J型的胃部作储存及初步的消化。不需要的物质会在此时被吐出。它们可以将胃部反转，并吐离口部以排出不需要的物质。

澳大利亚虎鲨体内最大的器官是肝脏，差不多占据了体腔的绝部分空间。

澳大利亚虎鲨是种会迁徙的鱼类，夏天迁往南部，一般向南迁往800公里左右，冬天则回归北面产卵。它产卵的时间一般在深冬至来年初春时节。产卵地点一般选在暗礁或是洞穴底。一般来说，每一年它们的产卵地点是相同的。它们每胎会产下15颗卵，并挤在岩石裂缝中及海带内。它们的卵很坚硬，颜色很深，呈螺旋形，大小约7～8厘米宽、15厘米长。卵在刚产下时多是柔软的，并其后才变得坚硬。卵要经过10～12个月的时间才能孵化出幼鲨。幼鲨在孵化后独自成长，不需要母鲨看护，雄性要约8～10年才能达至性成熟，雌性则要11～14年。

5. 瓜氏虎鲨

瓜氏虎鲨是虎鲨属的一种，其体长可以达到1.07米，主要分布在东太平洋，它们的身体上布有一些暗色的斑点。主要生活在水深3～40米

的地方，性情温驯。

外形特征：瓜氏虎鲨的体长可以达到 1.07 米，其身体上分布有一些暗色斑点；其眼部上方有略微隆起；其胸鳍宽大；具五个鳃孔；有两个背鳍，各具一根硬棘；具腹鳍和臀鳍；尾鳍呈帚状。

瓜氏虎鲨主要分布在东太平洋的热带海域。主要栖息于砂床以及岩石礁区，在休息的时候静止不动。其性情温驯，不具有侵略性。瓜氏虎鲨不善于游泳，主要以贝类、蟹及小型无脊椎动物为食。其生长繁殖方式为卵生，雄性幼鲨出生的时候只有 17 厘米。保护级别：世界自然保护联盟濒危物种红色名录。

6. 白点虎鲨

白点虎鲨是虎鲨属下的一个物种，主要生活在西印度洋介乎纬度 22°N 至 26°S，水深 40 ~ 275 米处，它们可以生长达到 64 厘米。

白点虎鲨可以在大陆棚外以及最高的陡坡中被发现。它们主要以蟹为食，而且都是卵生的。其成体背部为浅棕色、暗灰色，往下逐渐变白，幼体的体表也常会有小而黑的斑点，当达到性成熟的时候，这些小的黑色的斑点就会消失。

7. 狭纹虎鲨

虎鲨目虎鲨科虎鲨属的一种。其体长为 1 米以上，前部粗大，后部细小，背面稍圆凸，腹面平坦。其头高大，略呈方形，吻宽大，钝圆。其眼椭圆形，上侧位。其鼻孔大，具鼻口沟。其口平横，喷水孔很小。有 5 个鳃孔，第一个最宽，其余的逐渐变窄。它有两个背鳍，各具一硬棘；其尾鳍宽短，呈帚形，尾椎轴稍上翘；臀鳍比第二个背鳍要小；其腹鳍近方形；鳍脚粗大，呈圆管形。其体色为淡黄褐色，深褐色稍狭横纹，宽狭交叠。主要分布在南海、东海，主要随台湾海峡暖流见于日本南部和朝鲜南部。狭纹虎鲨属于暖水性近海底栖鱼，不活泼，主要以贝类和甲壳动物为食。为卵生，卵呈螺旋形，没有什么经济价值。

狭纹虎鲨属于中型海产鱼类。一般体长为 300 ~ 550 毫米，体重约 400 ~ 1000 克。其体延长，前部粗大，后部逐渐细小，背面圆凸，腹面平坦。

头略呈方形，头长为全长的$\frac{1}{5}$（幼体）到$\frac{1}{4}$；其尾部细长，比头和躯干还要长。吻宽大，钝圆，向前陡斜。眼椭圆形，侧上位，没有瞬膜，距离第一鳃孔比距离吻端要近；其眼间隔比较宽，稍凹入；眶上嵴突显著。鼻孔大，近吻端，与口隅相通，形成鼻口沟；前鼻瓣宽大平扁，伸达上颌外侧；后鼻瓣扁而半环形，后部旋在鼻腔内，与上唇褶相连。口裂宽大平横，但是上下颌前部狭小。唇褶与鼻瓣相应地比较发达，上唇褶宽扁，后端圆形突出，下唇褶较狭长，比下颌露出部分为长；口隅后具有一纵行的短沟。其齿上下颌同型，前后齿异型，前部齿细小，3 ~ 5 齿头型，后部的齿宽扁，臼齿状，呈方形或长方形，齿面圆凸，有多行都在使用；上颌每颌正中 1 齿，每侧有 7 ~ 8 与 6 ~ 8 颗齿，下颌的正中有 1 齿，每侧有 5 ~ 8 齿。喷水孔较小，呈圆形，位于眼后缘垂直线下方。其有 5 个鳃孔，斜着排列，第一个最宽，其余的慢慢变窄。其盾鳞粗厚呈十字形，排列稀疏，基板大，呈方形。

有两个背鳍，其上各有一个硬棘；第一背鳍中大，起点与胸鳍基底中部或后部相对应，其前缘圆凸，后缘深凹，上角比较钝尖，下角尖突；第

二背鳍较小，形状与第一个背鳍相同，距离臀鳍比距离腹鳍要近。其尾鳍宽大，呈帚形，几乎与头的长度相同；其尾椎轴略上翘，上叶相当的发达，下叶比较大，前部与中部连合，呈三角形，比较突出，与后部相隔处有 1 个缺刻；其尾端钝尖，后缘斜直。其臀鳍比第二个背鳍要小，起点比第二背鳍基底要稍微靠后一些，基底与尾基之间的距离比基底长大 2 倍或 2 倍以上，其外角钝圆，里角尖，后缘凹入。

其腹鳍近方形，后缘接近平直或微凹，外缘与里缘接近平行，起点比第一背鳍下角后端稍微靠后一些；其鳍脚粗大，圆管形，后端钝尖。其胸鳍大，外缘微凸，后缘斜直，外角和里角都是圆形的，鳍端伸达腹鳍基底前部。其体色为淡黄色，具有深褐色的横纹，经常会宽狭交叠，宽纹经常会分裂为 1 对，其中每条再次分裂，吻上中央“V”字形 1 条，侧面各有 1 条；眼间隔和眼下 1 对，在眼下的部分再次分裂；眼后与第一到第二个鳃孔间有 1 对，每条的背面部分再次分裂；第三到第四鳃孔间上方 1 狭条；第一背鳍前部到胸鳍基底有 1 对，每条的侧面部分再次分裂；第一背鳍基底后部有 1 个狭条；第二背鳍后方有 1 对，每条会再次分裂；腹鳍基底上方 1 狭条，第二背鳍前面 1 对，有的时候每条的背面部分

也多少会有再次的分裂；第二背鳍的前部有 1 狭条，其后部和后方有 1 对；臀鳍基底上方有 1 对，其基底的后方有 1 条。尾基的前方有 1 对，上方 1 条，及后方 1 对。除此之外，在暗色成对与单条横纹间还经常会添上 1 条淡色的横纹。其胸鳍背面具有横纹 3 条。

狭纹虎鲨主要生活在暖温性海洋的中下层，速度很缓慢，主要以贝类和甲壳类为食。为卵生，卵壳为螺旋形的，有 1.5 旋转侧突起，四角有短须状突起。其经济价值为，肉可以食作；鳍可以加工成为鱼翅；肝可以提取鱼肝油。

狭纹虎鲨主要分布在西太平洋区，其中包括日本、韩国、中国大陆及台湾地区、越南、印度尼西亚、菲律宾及澳洲北部。在中国台湾地区主要分布在北部以及澎湖海域。栖息环境为礁区、近海沿等。渔业方法为，渔民主要以延绳钓捕获，是一种不常见的鱼种，其经济价值性不高，大型水族馆偶尔会有展示。

真鲨目

猫鲨

猫鲨是真鲨目猫鲨科的一属。全世界约有 13 种，中国仅有 1 种。小型鲨鱼，眼狭长，椭圆形，口大，喷水孔细小近眼后方。鳃孔 5 个，狭小。牙细小而多，3 齿头型或多齿头型。背鳍 2 个，第一背鳍大于第二背鳍。尾鳍平直，尾椎轴不上翘，尾鳍下叶前部稍突出，后部有一缺刻。胸鳍中大。化石见于晚白垩世至上新世。

猫鲨分布于北大西洋、地中海、印度洋和西北太平洋。栖息近海浅水中，食小鱼与无脊椎动物。可供食用。中国只有虎纹猫鲨 1 种，体长 0.5 米左右。体黄褐色，具 11 条或者 12 条不整齐横纹，并散布着不规则淡色斑纹；腹面淡褐色。分布于黄海和东海沿岸。日本和朝鲜沿海也有分布。为冷温性，栖息在近海底层。

猫鲨的名字源于它们生着一对猫科动物般细长的眼睛，而且它们的眼睛在光线的照射下会闪闪发光。它的眼睛

对光线极其敏感，因此它们成了在光线昏暗的中层带中最致命的捕食者之一，它栖息在近海的底层，以无脊椎动物为主食。因为猫鲨栖息在近海的底层，不可能游到上层来猎食人和鸟，并且它是以无脊椎动物为主食，从而猫鲨是不吃人的。

猫鲨究竟会不会吃人

在美国华盛顿史密森研究院里，有这样一份统计资料：在人们已知的250多种鲨鱼中，迄今已被证实会攻击人类的只有噬人鲨、白真鲨、居氏鼬鲨、无沟双髻鲨、短吻基齿鲨、白边真鲨、乌翅真鲨、尖吻鲭鲨、灰真鲨、大青鲨、太平洋真鲨和澳洲真鲨，共12种。根据北京动物园的动物学家谭邦杰高级工程师在1982年第2期《大自然》杂志上发表的《能吃人的动物》一文中指出，世界上能吃人的鲨鱼只有鼬鲨和噬人鲨2种。从上述的2份资料来看，猫鲨显然不会攻击人，更不会吃人。

然而在1982年2月的《海洋》杂志上，广宇同志写的《闯海斗猫鲨》一文中说，1981年8月上旬，广东省南澳岛云澳公社西畔大队的渔民捕获一条重150多公斤的猫鲨，水产站收购后剖腹时，发现鱼体内有一些残存的小孩尸骨，其中有毛发、头骨、牙齿及胸部、四肢骨骼等。因为猫鲨经常伤人，当地群众经常用“厉害过猫鲨”来比喻恶人，渔民们都称这种鲨为“海老虎”。

在这篇报道中，还说这种鲨鱼不仅性情凶猛，而且十分狡猾，它们甚至能诱食天上的飞鸟。有的渔民曾亲眼目睹这一奇景：猫鲨半浮海面，装死不动，将深色的皮肤露出。海鸟在茫茫海空低飞，很难找到礁石歇息，看到半浮着的猫鲨，常常误认为礁石，便落下来停歇。这时，猫鲨并不马上发动进攻，而是先慢慢沉下尾部，再缓缓将身体从尾到头下沉，鸟儿一点一点移至鲨鱼头部。就在这当儿，猫鲨突然张开血盆大口，猛吸一口气，鸟儿冷不防一下就被吸进鲨口！在被捕获的猫鲨腹内，经常发现残存的鸟毛、龟壳、大钓钩以及人骨。

“猫鲨腹内有人骨”和“猫鲨能诱食飞鸟”的消息报道以后，一些动物学家，特别是鱼类学家感到惊奇和怀疑。因为根据中国已故著名鱼类学

家、原上海水产学院名誉院长朱元鼎教授编审的《简明生物学词典》中所述：猫鲨“为冷温性鱼类，栖息近海底层。食无脊椎动物。卵生。中国产于东海和黄海；朝鲜和日本也有分布。”

对猫鲨是否吃人和鸟？学者有两种不同意见。

一种认为猫鲨不可能吃人和鸟。其理由是：第一，在国内外文献上从未记述过猫鲨吃人和鸟；第二，猫鲨栖息在近海底层，以无脊椎动物为食，不可能游至海洋上层猎食人和鸟，如果在它的体内发现了人尸和鸟羽，也是属于偶然遇到的尸体；第三，在中国，猫鲨产于东海和黄海，广东省南澳岛海区是属于南海，根本不可能出现猫鲨，这是“张冠李戴”。

另一种认为科学在发展，人类对大自然的认识是无止境的，我们不能轻易否定所见的事实。因为当地渔民也熟知猫鲨的外部特征，而且在它们的腹中确实发现了人尸和鸟羽。至于猫鲨在南海的出现，可能是扩大了原来文献所说的分布范围，这在动物界也并非罕见的事情。

看来，猫鲨是否吃人和鸟的疑谜，还需要进行实地调查研究，轻易肯定或者否定都是没有说服力的。

皱唇鲨

皱唇鲨的躯体颇长，前部粗大，后部细小。头平扁而略短。吻短，吻端宽圆。眼椭圆形，眼眶隆脊明显，具瞬褶。前鼻瓣稍延长如叶片状；远离口裂；不具口鼻沟。口裂呈浅弧状；上唇沟延伸几与上颌缝合部相对；齿多而近似刀状，上下颌齿同形，多行在使用，每齿均具一中央齿头，向后或向外弯曲，两侧各具 1 ~ 2 个小齿尖。喷水孔小。盾鳞具 3 棘突 2 纵脊。背鳍 2 个，形状相同，第二背鳍较小；前缘圆凸，后缘深凹，上角钝尖，下角延长尖突；第一背鳍起点在胸鳍内角之上方或稍后；第二背鳍起点在臀鳍之前；腹、臀鳍皆较第二背鳍小；胸鳍等大或略大于第一背鳍，成鱼呈宽三角形；尾鳍狭长，稍大于头长，上叶颇发达，下叶前部稍突出，中部较低，与后部间有一深缺刻，后部小三角形突出，尾端圆钝。体灰褐带紫色，腹面淡色，沿体侧具许多宽鞍状斑及散布稀疏之黑点，随着成长而黑点渐消失。体长可达 1.5 米。

皱唇鲨是栖息于大陆棚或岛屿棚的底栖性鱼类，分布于西北太平洋区，由南西伯利亚至台湾。台湾多分布于西南及东北部海域。经常出现于河口区域或港湾浅水域，特别是有底藻覆盖的砂泥地，能忍受低盐度。以鱼类、甲壳动物等为食，较不具攻击性。卵胎生，一胎可产下 10 ~ 20 只幼鲨。雄鲨成熟体长约 0.93 ~ 1.03 米，雌鲨成熟体长约 1.06 ~ 1.17 米。

皱唇鲨为卵胎生，7 ~ 8 月份民熟后体内受精，雄性性腺成熟明显表现出：鳍脚增大呈飞跃式的增大，产仔期为 5 ~ 6 月份，胚胎在母体内发育时间为 9 ~ 10 月份，雌鲨怀胎最多为 42 尾，仔鱼的雌雄比例为 1∶1。

白斑星鲨

白斑星鲨主要分布在北太平洋西部、中国产于东海北部、黄海和渤海、黄海产出较多，为捕捞其他经济鱼类的兼捕对象，主要栖息于近海。该物种的模式产地在长崎。体细而延长。头平扁，中大，头宽比头高为大，头长约为全长的$\frac{1}{5}$。尾颇细长，比头和躯干约长 1.2 倍，尾基上下方无凹洼。吻中长，背视三角形，前缘钝尖，侧视延长尖突。

白斑星鲨眼椭圆形，前端圆，后端尖，瞬褶平横外露，外侧有 1 深沟，距第一鳃孔比距吻端为近，眼径比鼻孔长约大白斑星鲨 1.5 倍。鼻孔宽大，距口端比距吻端近许多；鼻间隔中宽，比鼻孔长大 1.2 ~ 1.3 倍；前鼻瓣具有 1 个三角形突出，出水孔半露，后鼻瓣后部无半环状薄膜。口中大，三角形，下颌两侧斜行，前端圆钝，口宽比口前吻长为小，小于鼻孔外侧之间的距离，口长几等于口宽的$\frac{1}{2}$；下颌稍短，口闭时上颌齿全露，下颌齿只在缝合处暴露；上唇褶宽扁而长，褶沟几呈直线地向前伸延，褶长约等于上颌长的$\frac{1}{2}$；下唇褶较狭而短，约等于下颌长的$\frac{1}{3}$。齿细小而多，铺石状排列，多行在使用，上下颌各列成 1 齿带，齿椭圆形或斜方形，齿面平扁圆凸，齿头圆钝或钝尖，两侧斜直或微凹。喷水孔小，横椭圆形，位于眼后角后方，长与距眼的距离或瞳孔径约相等。鳃孔 5 个，中大，前 3 个较宽，大于眼径，最后 2 个较狭，位于胸鳍基底上方。盾鳞具 1 棘突，2 ~ 3 纵嵴。背鳍 2 个；第一背鳍约位于体腔中部上方，起点约与胸鳍里角相对或稍前，基底长稍小于背鳍间隔的$\frac{1}{2}$，上角圆钝，后缘凹入，下角延长尖突，几伸达腹鳍起点垂直线或有一相当

距离或有一相当大的距离；第二背鳍大于第一背鳍$\frac{1}{2}$，距腹鳍基底后端比距尾基近，或相等（成体），上角钝尖，后缘凹入，下角延长尖突。尾鳍狭长，约等于全长的$\frac{1}{5}$（成体），幼小者尾鳍较长；上叶颇发达，下叶前部圆形微突，中部颇宽而短，中部与后部间有一凹缺，后部三角形突出，与上叶接连，尾端圆钝，后缘斜直。臀鳍小，起点约与第二背鳍基底后$\frac{1}{3}$处相对，外角圆钝，后缘凹人，里角延长尖突，比第二背鳍下角稍后延。腹鳍比第二背鳍稍小，位于背鳍间隔前半部下方，后缘斜直，外角圆钝，里角钝尖稍突；鳍脚平扁延长，后端尖突。胸鳍中大，后缘斜直或稍凹，前缘与里缘圆凸，外角和里角圆钝，鳍端伸达第一背鳍基底前$\frac{1}{3}$至后半部下方。

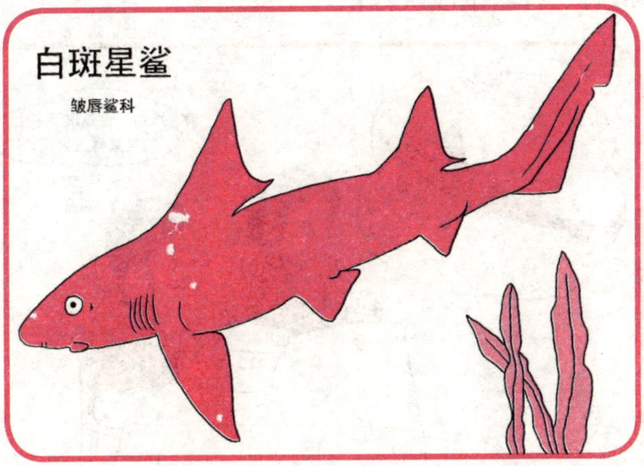

白斑星鲨是温水性水型鲨鱼，一般体长在1米以内。背面和侧面灰褐色，沿侧线及侧线以上散布着许多不规则白色斑点；腹面白色，各鳍褐色，边缘较淡。卵胎生，每胎10余尾。为中国黄海和渤海习见种。分布于北太平洋西部。中国产于东海北部、黄海和渤海。白斑星鲨的肉质细嫩，所以主要供食用，同时是有关科研和教学部门生物实验室解剖用的重要海洋鱼类之一。

灰星鲨

灰星鲨为皱唇鲨科星鲨属的鱼类。分布于日本南部和朝鲜釜山和木浦等海区以及南海、东海、黄海等海域，一般栖息于暖水性近海。该物种的模式产地在日本。

灰星鲨体延长呈亚圆筒形，头子扁、中长，头宽比头高大，一般体长约1米、头平扁、中长；尾细长、尾椎轴上翘、眼椭圆形、吻吻中长，背视近三角形，前缘钝尖，侧视尖突。口小，呈三角形，上唇褶粗大，下唇褶细长、牙细小而多，铺石状排列。下颌稍短，口闭时上颌齿全露，下颌齿只在缝合处露出；上唇褶粗大而短，约等于上颌长的$\frac{2}{9}$，下唇褶细而较长，大约为下颌长的$\frac{1}{3}$。鼻孔宽大，距口端比距吻端为近；鼻间隔中宽，比鼻孔长约大1.4倍。喷水孔小，横椭圆形，两端尖，位于眼角后下方。鳃孔5个，狭小，第三鳃孔宽约与眼径相等，中间3个较宽，最后1个最小，最后2个位于胸鳍基底上方。体背面灰褐色，无白色斑点，腹面白色、背鳍2个、分离，无硬棘，第1背鳍较大，后位，起点与胸鳍里角相对或稍后、各鳍呈浅灰褐色。

灰星鲨分布于北太平洋西部，中国产于南海和东海南部。产量较多，为捕捞其他经济鱼类的兼捕对象，春、秋两季捕获较多，但无显著渔期。肉质细嫩，可供食用。其背、胸、尾鳍均可制成鱼翅，此系名贵珍肴；肝可提取鱼肝油；皮可制皮革；骨及内脏可制成鱼粉。

乌翅真鲨

乌翅真鲨，又名黑翼鲨、黑鳍鲨或黑鳍礁鲨，俗称污翅白眼鲛，是一种生活在热带及温和海洋的鲨鱼，以猎食珊瑚鱼为主，有时也会捕猎鲟鱼及乌鱼。就如它的名字所言，乌翅真鲨的胸鳍及背鳍的顶端是黑色的，而下部是白色。它们身体上半部的皮呈褐色。最大的乌翅真鲨可达3.5米长。它的前端是呈圆钝的。一种称为灰珊瑚鲨的鲨鱼外形与它很相似，但从其较粗壮及灰色的身体及没有黑端的背鳍，就能分辨它们。由于乌翅真鲨体型较小，所以并不认为是人类的威胁。

乌翅真鲨有时会被渔业混获及丢弃。它们的数量，与其他鲨鱼一样亦在下降。由于它们的鳍会作为珍贵的鱼翅，它们的鳍在被捕获时会被切去，而鲨鱼本身会被丢回海中等待死亡。这可能是乌翅真鲨数量减少的主要原因。

乌翅真鲨的生活习性

乌翅真鲨是现今在印度太平洋及加勒比海珊瑚礁附近浅水区（有时会在30厘米深的浅水区）最常见的鲨鱼之一。它们生活在20℃～27℃水温的海洋，并且不会冒险进入一些远离海洋的热带湖或河流中。

乌翅真鲨并非群居，但却有时会一小群出没。一般乌翅真鲨都是较潜水员与乌翅真鲨害羞的，但却会对潜水员及水肺潜水员感到好奇。与其他鲨鱼无异，当它们感觉到危险时，会把身体蜷曲成S型。除非是感到愤怒，否则它们是无害的。一些情况如用手喂食或以矛捕鱼，加上低视野，都会令乌翅真鲨感到愤怒。乌翅真鲨是少有能跳跃出水面的鲨鱼，这种行为称为“跃身击浪”。它们也会在海面徘徊。

乌翅真鲨是胎生的，每胎约有2～4头小鲨。母鲨的怀胎期为16个月。出生的小鲨约33～52厘米长。

牛鲨

牛鲨因为它壮硕如牛的外形、阔平的鼻端与强大攻击习性而得名。它的学名是白真鲨，又被称为公牛鲨，公牛白眼鲛。在印度，牛鲨通常被称为是孙德尔本斯鲨或者恒河鲨，它们也是孟加拉国鱼咖喱的佳肴。在非洲它们普遍地被称为赞比西鲨。它的广泛分布以及不同的栖息地使得它在不同的区域有着不同的名字，例如，尼加拉瓜鲨等。

牛鲨能够在淡水区域活动，在温暖的海洋沿岸地区、礁区、砂泥底、河流入海口及湖泊，淡水或咸水中都很常见。牛鲨可以到达水深150米的地方，但一般不会深于 300 米。

牛鲨分布在从澳大利亚西部到巴西任何的热带、亚热带沿海水域。在大西洋东、西两岸，太平洋东、西两岸，印度洋西岸都有分布，大致范围在南北纬 40 度之间，中国的南海也有。

在大西洋，从美国马萨诸塞州至巴西南部，从摩洛哥至安哥拉都可以见到它们的踪影。在印度洋，它们出没于南非至肯尼亚、印度、越南至澳洲。估计有多于 500 头牛鲨在澳洲昆士兰的布里斯本河，更多牛鲨分布在黄金海岸。

在太平洋，它们生活于加利福尼亚至厄瓜多尔。它们也有生活在亚马孙河的族群，而最远的纪录是到达密西西比河伊利诺伊州的位置。尼加拉瓜湖、印度的西孟加拉邦及阿萨姆邦，孟加拉国的恒河及雅鲁藏布江，都是它们出没的地方。它们可以生活在任何的水域，包括南非高盐分的圣露西亚湖。但是，牛鲨并非真正的淡水鲨鱼。2005 年飓风卡特里娜横扫美国后，在庞恰特雷恩湖人们也发现了大量牛鲨。

学者们最近认为在尼加拉瓜湖的牛鲨应该是另一物种，因为这个湖没有出口。而有人认为它们会像鲑鱼般跳过湍急的溪流，因为科学家给在湖中的牛鲨作了一些标识，这些牛鲨后来在海中被找到。虽然牛鲨保护等级

在国际自然与自然资源保护联合会中还比较低，但是由于人类的过度捕杀，牛鲨即将步入濒危动物行列。

牛鲨最令人恐怖的是它的一张大嘴，这张嘴大得不成比例，呈裂弧形，吻端非常宽圆而短，密布着锋利的牙齿。牛鲨的上颌齿侧扁而宽，边缘长有细锯齿，齿尖直立或略外斜，没有小齿尖；下颌齿较窄而直立或稍颌斜，边缘也长有锯齿，近基底则平滑。牛鲨的上下牙齿还各有分工：尖利的下齿便于叼住猎物，将猎物牢牢抓住；三角锯齿似的上齿，用于吞吃、切割食物，把猎物刺穿，撕扯猎物的肉。牛鲨闭着嘴时上下颌紧合，不露齿。

牛鲨有 2 个背鳍，背鳍之间没有隆脊，第一个背鳍宽大，起点与胸鳍

的基底后方相对，后缘凹入，下角尖突；第二个背鳍小，起点在臀鳍的起点之前或相对，后缘凹入，后角尖突；胸鳍较大，呈镰刀形，后缘凹入，外角钝尖，内角钝圆，鳍端伸达第一个背鳍的基底后端；尾鳍宽长，尾椎轴上扬，下叶的前部显著三角形突出，中部低平延长，与后部间长有一个深的缺刻，后部的小三角形突出，尾端钝尖。幼鲨鳍顶部有块黑色标记，长大后就会消失。

牛鲨喜欢独自出没，进行猎食，它们通常会在浅水区徘徊。牛鲨是在浅水之中有规律潜行觅食的鲨鱼。它具有很强的进攻性，科学家们认为它们是最好斗的鲨鱼。牛鲨是一种伏击型的食肉动物，它能够造成致命的创伤，即使猎物再大它们也无所畏惧。

牛鲨捕食的时候嗅得准，咬得快，吃得多，从来都不挑食，它主要是以包括其他鲨鱼（甚至大白鲨）在内的鱼类作为食物，但是也吃鳐类动

物、海豚、海龟、海鸟、软体动物、棘皮动物、甲壳亚门、甚至狗。牛鲨会经常在河流的入海口逆流而上，到那里去捕食河马、鳄鱼等一些水生动物。甚至对于一些不能吃的东西，比如，塑料袋、破渔网，牛鲨也会照吃不误，甚至有人曾经在牛鲨的胃中找到过煤块以及汽车号码牌。

牛鲨是以胎生繁殖的。妊娠期为一年，每次会产仔 1 ~ 13 尾。牛鲨有着十分奇特的食卵行为，在子宫中最强壮的胚胎会吃掉没有受精的卵或者较弱的胚胎。所以，它们的捕杀技能是在牛鲨妈妈的肚中时就开始练，最终，只有最强壮、最凶猛者才拥有活下来的机会。牛鲨通常是夏天在河口水域生产。幼鲨出生的时候长约 70 厘米，大概需要 10 年的时间才达到成熟，刚刚出生的牛鲨还比较弱小。母鲨会将没有成熟的幼鲨带到沿岸水域度过它们的童年生活，避免遭到其他鲨鱼的袭击。牛鲨的寿命一般在 12 年左右。

凶残的杀手

在大约 4 亿年之前，牛鲨就已经在大海中游弋了，要比现在生存着的其他鲨鱼早上 1 亿年。它也是鲨鱼家族当中最凶猛、最令人闻风丧胆的鲨鱼之一。牛鲨和大白鲨、沙虎鲨一起被列为最有攻击性、最凶猛、最常袭击人类的鲨鱼，攻击性排名第二，仅仅位于大白鲨之后。常被人冠以“海

中之狼”“人类杀手”“神秘的海洋杀手”“沉船屠夫”的称号。有研究表明，只要水下环境以及地域稍微变化，这些就足以引起它的攻击。

研究者们认为很多归咎于大白鲨的袭击事件很有可能都是牛鲨所为。在每年报告的鲨鱼伤人以及撞击船只事件当中，牛鲨肇事的记录甚至要高于人们谈虎色变的大白鲨。在国外多次发生的“撞烂游艇”“游泳遭攻击”“鲨口夺断臂”等事件都是牛鲨的“杰作”，而这些事件大多数都曾被认为是大白鲨所做的。

牛鲨有时表现得非常温顺，但是也会突然亢奋。它们具有高度的攻击性。它们有着极端的区域性，也会攻击其他入侵的生物，包括人类。牛鲨它十分喜欢攻击活的物体。牛鲨的睾酮含量要比任何动物都高，所以它非常凶狠、剽悍，攻击性强，难捕捞，难驯服。但是在它们经常出没的水域，很难找到它们的行踪，行动十分诡秘。

牛鲨有很强的好奇心，即使是人类没有攻击性的举动，它们也会在自己好奇心的驱使下，袭击对方。在全球十七种曾经攻击人类的鲨鱼之中，牛鲨不仅榜上有名，并且名列前茅，它袭击人类的纪录甚至要比大白鲨还多。牛鲨最容易袭击人的时间是晚上以及海水混浊的时候，如果游泳者身上沾有血渍或者闪耀的装饰品，就非常容易引起牛鲨的注意，从而成为随时攻击的对象。

比较幸运的是，牛鲨并不喜欢主动攻击人类，大多数的牛鲨在袭击人的时候常常只是咬上一口就会离开，这样做的原因是，在浑浊的海水中它会把受害者当成一种威胁，出于误会才会咬人。例如，游泳者无意之中打搅了它的求爱追逐，或者侵犯了它的地盘，或者切断了它的逃跑路线。

极强的适应力

牛鲨拥有一个很多种鲨鱼都没有的能力，是一种可以生活在盐水与淡水两种环境之中的鲨鱼。在漫长的进化过程里，它们发展出了一套能够适应淡水的机制，利用调节血液中盐分以及其他物质的含量，可以维持身体中盐度的平衡。所以，牛鲨能够从海洋游进淡水中，或者在港口、河流入海口的地方流连。甚至在中美洲的一些湖泊之中（比如，尼加拉瓜湖）也能够看到牛鲨的身影。它们很喜欢沿着海边或者逆流而上，在河流之中捕食鳄鱼等生活在水边的动物。牛鲨具有强大的适应力，尤其是生活在密西西比三角洲的牛鲨，在它们迁移到佛罗里达州的珊瑚礁中过冬的时候，能很快地适应在海水中的生活。

进入河流之后，牛鲨因为激素等分泌的变化，性情也会变得凶猛粗暴，接近它们就会变得更加危险。人们曾经在亚马孙河上游 3000 公里的地方见

到过牛鲨的踪迹，印度的恒河、美洲的墨西哥湾、非洲赞比西河、美国密西西比河等靠近海的江河里都曾经发现过牛鲨。不管是在美洲中部的尼加拉瓜湖，还是密西西比河的圣路易斯

港，都曾经发生过牛鲨伤人的事件。

由于牛鲨能够进入淡水区域，而且在这些淡水水域，人们一般都不会设置防鲨网，这样做就给进入淡水水域的牛鲨提供了绝佳的伤人机会。所以和其他危险的鲨鱼品种相比，人们更容易和它们相遇，因此它对于人类的威胁最大。

牛鲨的视力很不好，可是它们有着异常灵敏的嗅觉，能够嗅出稀释在10万升水中一滴血的味道，而且会凭此在海里跟踪数公里找到血的来源。也可以凭借海水的震动与声音，追踪周围一公里范围中的猎物。牛鲨是杂食动物，以不挑食闻名，从它们的胃中，曾经发现过牛、狗、人甚至河马的尸体，有些时候，牛鲨就连其他鲨鱼也会吃。

另外，大多数鲨鱼需要适当的休息，而牛鲨似乎能够不分昼夜游来荡去。牛鲨没有鱼鳔，它会浮上水面上胃部充满气体，借此保持浮力。

洪水中惊现公牛鲨

根据《图片报》2011年1月16日的报道，在澳大利亚昆士兰州遭到洪水袭击的古德纳市，有人竟在洪水当中看到了凶猛的公牛鲨！发现鲨鱼的地点与海岸大约30公里的距离。目击者史蒂夫·贝特曼说道，这2条鲨鱼是跟随着涌入的洪水被冲到该市的主要街道，在一个商店附近游弋。有人反映在洪水暴发地区看到鲨鱼，已经不是第一次了。在布里斯班市，也有人说曾经看到了一条公牛鲨。据一位海洋公园的工作人员称，现在水域中的鲨鱼很有可能是牛鲨的幼仔，估计它们被激流卷上来的，所以只好在街道上静止的洪水之中寻找栖身之所以及食物。

牛鲨的饲养

因为牛鲨凶狠、剽悍、攻击性很强，难捕捞，难驯服，饲养驯化非常不容易。目前，只有在美国与加拿大等少数国家的水族馆中才可以看到牛鲨。2002年，在深圳海洋世界的鲨鱼馆中发现了一条被误以为是黑鳍鲨的牛鲨，因此，深圳海洋世界的鲨鱼馆误打误撞地成为了中国第一家饲养牛鲨的水族馆。2006年，在上海海洋水族馆也发现了混在其他鲨鱼当中的4条牛鲨，当年在圣诞节的时候进行了展出，并且，水族馆方面也为珍稀的牛鲨做了“结婚产子”的准备。

白边真鲨

白边真鲨又被称为白边鳍白眼鲛，它是一种很大却较为细长的鲨鱼，主要在离岸较远岛屿的暗礁附近生活。

白边真鲨的身体呈暗灰色，每个鳍的末端都镶着白边，它的胸鳍很窄并且很长，第一背鳍略微为圆形，身体最长的能够达到 3 米左右，白边真鲨的行动非常敏捷，迅速，它能够在珊瑚礁区自由地来回穿梭，到处觅食，从来不会主动攻击人类，它们喜欢吃生活在海底部的硬骨鱼、小型软骨鱼、章鱼，幼小的鲨鱼在出生的时候只有 0.65 米长。

白边真鲨在红海及东非、马达加斯加、塞舌尔、阿尔达布拉群岛、毛里求斯、查戈斯群岛、日本、北澳大利亚以及法属波利尼西亚、南下加利福尼亚州、墨西哥、哥伦比亚，包括椰子岛、科隆群岛与雷维利亚希赫多群岛海岸线的暗礁附近大概 800 米深的水中，都有分布。最少也是在 30 米以下。它们没有迁徙的习性。

白边真鲨是一种非常大并且细长的鲨鱼，它的背部为深灰色，腹部则是呈白色。它的外观和其他大部分的真鲨没有什么太大的区别，唯一不同的是它们的鳍的尖端是白色的。它们最长的能够长到 3 米左右，最重能够

达到 162.2 公斤。白边真鲨常常会侵扰潜水人，但是根据现有的记录证明，它们真正攻击人的次数并不是太多。其实在通常情况下，如果白边真鲨在没有感受到自己受到威胁的话，它们是不会主动攻击人类的。

白边真鲨与其他真鲨一样同属胎生动物。通常每次会生下 5 ~ 11 只幼鲨。在胚胎的发育将卵黄消耗殆尽的时候，空的卵黄囊会发育成一个连接胎盘的通道用以接收母体所提供的营养。在南半球，交配与受精都发生在夏天。在求爱期，雄性鲨鱼会咬住雌性鲨鱼以便完成交配；交配之后雌性鲨鱼的第一背鳍尖很可能会被咬掉。雌性鲨鱼在一年以后会产下 1 ~ 11（一般是 5 ~ 6）条幼鲨。新生的鲨崽大约有 63 ~ 68 厘米长。在野生环境下，它们的生长速度差异非常大：年轻的白边真鲨平均每年能够长 3.8 厘米（身长的 5.3%），但是有的个体却能够以每年 20.8 厘米（身长的 30.1%）的速度快速生长，还有的个体甚至出现负生长。雄性鲨鱼在身长大约 1.6 ~ 1.8 米的时候达到性成熟，而雌性鲨鱼在身长为 1.6 ~ 2.0 米的时候性成熟。

白边真鲨对于人类的重要性

白边真鲨对于人类有着十分重要的作用。白边真鲨可以作为人类的食物来源。它们主要是被流刺网与延绳钓捕捞到的，它的肉可以加工制成各种

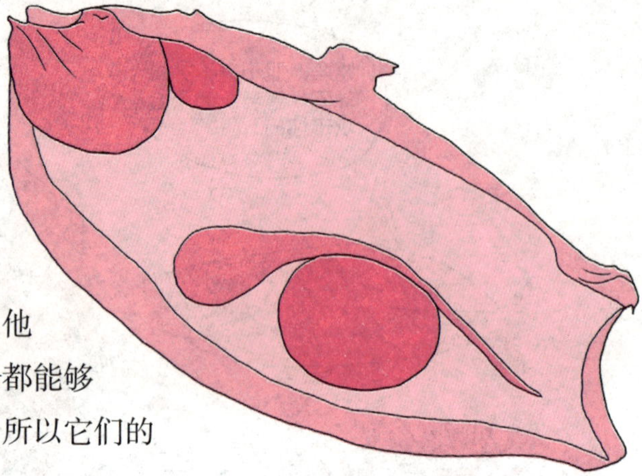

不同的肉制品，鳍能够制成鱼翅，皮可以制成皮革，肝也可以加工制成维他命药品以及鱼肝油，其余剩下的部分还可以制成鱼粉。因为捕猎它们以后，他们的整个身体的所有部分都能够被人类加以食用与使用，所以它们的经济价值非常高。

白边真鲨喜欢捕食深海和中海层的鱼类，这些鱼类有硬骨鱼、石斑鱼、鲐鱼、金枪鱼、玉梭鱼、发光灯笼鱼、飞鱼、隆头鱼。有时候，它们也会捕食鹞鲼，小型鲨鱼与章鱼。白边真鲨的上下颚牙齿具有不同形状，这也使得它们能够捕食大型的猎物，可以大力的咬住猎物并撕扯。体形相对较大的白边真鲨行动也比较懒散而且大多捕食海底生物。白边真鲨也经常会游弋在其他正在享受食物的鲨鱼周围，时不时地分上一杯羹。

白边真鲨对于同类具有很强侵略性，所以，经常会有严重的伤害。它们在和它大小相当的直翅真鲨与黑边真鲨争夺猎物的时候占着很大的优势。白边真鲨与黑尾真鲨有时也会组成混种部队发动攻击。曾经被观察到，纺锤鰤与白边真鲨粗糙的表皮进行摩擦，用以刮掉自身的寄生物。白边真鲨有时候会在开放海域跟随着海洋哺乳动物，比如，宽吻海豚，而它们自己也会被鲭类的海鱼跟随。

白边真鲨会攻击人类吗

白边真鲨对于因为好奇而随意地接近它的人类是有潜在威胁的，尤其是在带着食物的情况下。一般情况下，在潜水员刚刚潜入水中的时候，白边真鲨会马上从深水域游上来并注视着潜水员。这种情况，一般都会给潜水员带来难以释去的恐惧，因为这些鲨鱼与他们离得非常近。它们还会对潜水员进行环绕游弋。在一次诱饵试验当中，一条大的白边真鲨把穿着潜水装备的假人的一条腿撕了下来，这个实验表明，白边真鲨对人类会造成致命的伤害。2008年，国际鲨鱼的攻击档案中记录了4起白边真鲨攻击事故，幸好在这四件事件中，没有一起是非常严重的。这种鲨鱼还会因为某种人造的低频声音而靠近船只。

与黑尾真鲨很像，有时候白边真鲨被潜水员惊扰的话，就会表现出攻击威胁，表示它可能会进行攻击了。威胁的表现为鲨鱼为加速游离大约15米远，然后转身，放低胸鳍，张开大嘴，降低它的$\frac{2}{3}$个身段并全身抖动。后两个表现很有特征，抖动估计是为了显示其白色鳍边。如果在这个时候潜水员不动，那么白边真鲨就会快速接近并使用上排牙齿咬击。

白边真鲨能够专门捕获或者是被当作刺网与延绳钓的副渔获物，无论是商业的或者个人的都有。因为它们的繁殖速度比较慢而且喜欢固定的生活在某个海域，对于它们的捕获很容易造成捕捞过度，现在，确实某些区域的数量已经变得稀少了。目前，世界自然保护联盟还没有掌握足够的数据能够评估这类鲨鱼的现存状态。在澳大利亚，这种鲨鱼目前还没有被商业开发，所以它们只是被列为无危物种。

锯鲨目

锯鲨目身体较长，前部略微宽扁，后部稍微侧扁，呈亚圆筒形。吻平而扁，延长突出，边缘自口隅外侧开始至吻端有一纵列尖齿，每2个大齿之间有1～3个小齿，吻的基部宽阔，向前逐渐变得狭长，吻腹面的中央有1对扁长的皮须。眼睛大，上侧位，有一低平的瞬褶。口呈浅弧形，位于眼睛的后下方。牙齿较小，基底宽大，齿头细尖，排列密集。喷水孔接近于三角形，位于眼睛的后方。有5个鳃孔，上部侧位，下部腹位。有2个背鳍，无棘；第一背鳍起点位于胸鳍里角的上方，第二背鳍同形且较小。尾鳍狭长低平，上叶比下叶发达。腹鳍类似于方形，胸鳍宽大，全身呈灰褐色，腹面为白色，吻上有2条暗褐色纵纹。锯鲨栖息与海底的底层，吻锯作为自卫的利器。以甲壳动物、蠕虫类及小鱼等为食。

锯鲨目—形态特征

锯鲨目的身体长度可达4米。吻很长，呈剑状突出，边缘有锯齿。腹面在鼻孔前方有1对皮须。头很平扁。眼上侧位，有瞬褶。喷水孔较大，位于眼后。鼻孔呈圆形，离口的距离较远。牙细小而锋利，鳃孔 5 ~ 6 个，均位于胸鳍起点的前方。

1. 锯鲨属，5 个鳃孔，共有 4 种。中国有日本锯鲨 1 种，分布于东海和黄海，偶尔见于南海以及朝鲜和日本沿海。

2. 六鳃锯鲨属，鳃孔 6 个，只 1 种，分布于非洲的东南沿海。

锯鲨目属于中型海产鱼类。一般体长 700 毫米，体重在 1000 克左右，最大个体的体长可达 1 米多。身体延长，前部稍宽扁，后部稍侧扁。腹面平坦，头的背面宽扁，尾细长。吻平扁，很延长，呈剑状突出，边缘有锯齿；在吻的腹面有一对皮须；眼大上侧位，有一低平瞬褶，不能上闭。口宽而大，浅弧形，上唇褶消失，下唇褶稍微发达。牙小，平扁，基部颇宽，齿头尖细。喷水孔类似三角形，位于眼后。鳃裂 5 个，中大，下部转入腹面，最后一个正好位于胸鳍基底前部。背鳍 2 个，没有硬棘。第一背鳍位于体腔的后部上方，起点后于胸鳍里角的上方；第二背鳍比第一背鳍同形而稍小。尾鳍狭长。腹鳍小于第二背鳍。胸鳍宽大。尾基上下方无凹洼，尾柄下侧具一皮褶。

长吻锯鲨

锯鲨目——长吻锯鲨。头形略尖，眼没有瞬膜。无口鼻沟。鳃裂 5 对。背鳍 2 个，无棘，第 1 第背鳍位于腹鳍上方或者后方，第 2 背鳍位于臀鳍的后面。椎骨内的石灰质片，围绕椎体呈放射状。

猫鲨科鱼类的体长通常超过 0.80 米的很少，属于中小型鲨鱼。它们的身体大部分呈延长的圆柱形，眼睛则有横向的裂缝状、纺锤形或卵圆形，长度与高度的比例约 1.5：1，眼睑上部已经演化成瞬褶，在高速前进的时候可以很好地保护眼睛。鼻孔不与口相连，前鼻瓣的形状很多，但除了长须猫鲛属以外，很少呈须状。猫鲨的牙齿非常发达，上下颌的齿形也很相似，通常多为小齿尖。

锯鲨科鱼类的背部有两枚背鳍，无硬棘，第一背鳍通常位于腹鳍正上方或者稍后的位置，第二背鳍起点常常与臀鳍起点相对或者靠后。尾鳍短而狭窄，尾椎轴有的略微上扬，有的低平，尾鳍下叶一般不太显著，甚至连下叶都没有。鱼类属于白眼鲛目的大家族，从温带、热带、寒带到北极海域都有它们的踪影。全球共计有 15 属 96 种以上，中国的台湾海域也有 5 属 8 种之多，因此不同种类的猫鲨之间，体态差异也非常大。

扁鲨目

扁鲨属于扁鲨科下的一种鲨鱼，扁鲨与常见的鲨有着截然不同的外形，身体呈平扁状，犹如一把琵琶，因此有人也把它称为琵琶鲨。曾经一度广泛分布于大西洋东北部的海岸水域。胸鳍和臀鳍非常宽阔，可以把自己乔装打扮成为海床的一部分。它们的主要特征是呈灰色或褐色，有一些深浅色的斑纹，有圆锥状的触须，背上没有刺。身体的长度可达 2.4 米。

雌鲨与雄鲨的身体长度分别为 2.4 米与 1.8 米，体重可达 80 公斤。胸鳍像翼。头部及身体非常敦实、阔大，位于背部的眼睛又细又小，眼睛后边是一对非常大的气孔。鼻孔前有一对触须。头部两侧有一列皱褶的皮肤以及呈三角形的鳍。牙齿细小且锋利，上、下颚的牙齿形状极为相似。胸鳍和臀鳍非常端圆。它们有两条背鳍，全部都位于臀鳍后的尾巴上。没有肛门鳍，尾鳍的底叶较大。盾鳞尖细而狭窄，覆盖着整个上表面以及大部分的腹面。鼻端和眼睛上分布着一些非常细小的棘。部分

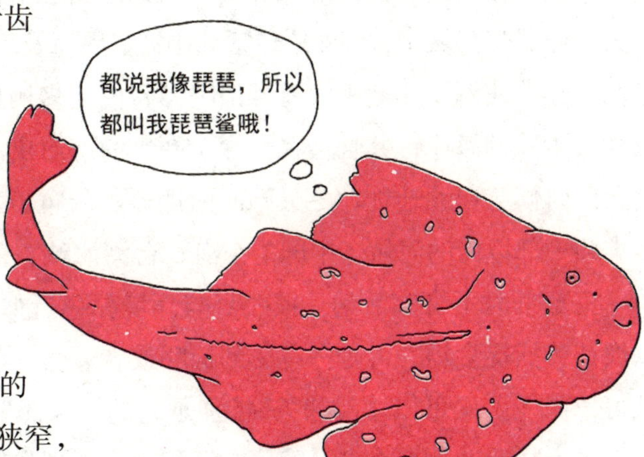

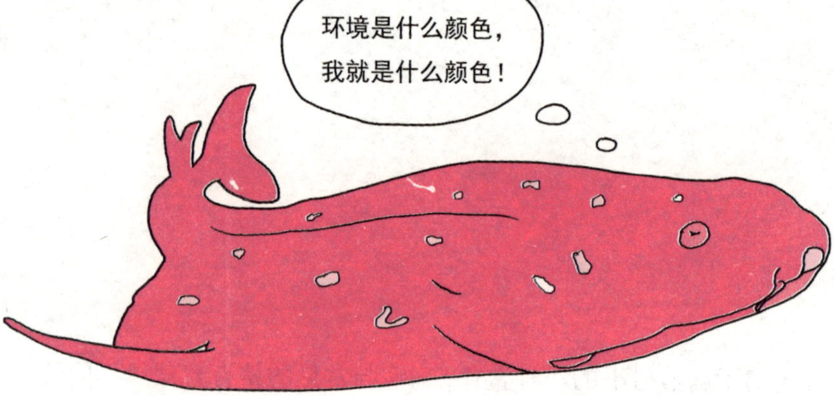

幼体小鲨的背部中央有一行刺。它们的背面呈灰色至红或者绿褐色，有黑白色的斑点，腹面为白色。幼鲨比成年的鲨鱼有更多的装饰，背鳍前缘较深色，后缘则为浅色，有淡色的线及深色的疙瘩，有一些的颈部还有白点。

最初瑞典自然学家卡尔·林奈对扁鲨进行了描述，并被分类到角鲨属。可是他并没有定下模式标本。其属名是由法国动物学家于1806年用拉丁文“滑冰”衍生而来的。中国目前已发现有4种扁鲨，都是台湾所特有的。

扁鲨以往会出没在由挪威及瑞典南部至西撒哈拉以及加那利群岛的东北大西洋温带海域中，另外还包括地中海、黑海及不列颠群岛。近几年来，它们已经从北海及北地中海海域消失。它们大多栖息在大陆棚，喜欢柔泥或沙等柔软的海床，并且会在水深150米的海岸出没。北部的扁鲨群族在夏天的时候会向北迁徙，冬天则向南迁徙。分布于朝鲜西南部、中国、日本本州中部以南的海域。中国的东海、台湾海峡、黄海均可以见到。

扁鲨平时不喜欢活动，披一身与环境颜色近似的颜色，潜伏于海底，以逸待劳捕捉食物。可是一旦受到惊吓或者袭击，就能借助其宽大的胸鳍既可以“飞”又可以“滑翔”，特别是它的“起跑”速度非常惊人。扁鲨通常也夜间活动，会将自己隐藏在沉积中进行埋伏等待猎物的到来。它们主要吃栖息于海底的硬骨鱼、无脊椎动物及鳐科。

扁鲨属于无胎盘胎生，雌鲨每隔一年会生出7～25条的幼鲨。它们并不带有多大的攻击性，如果受到骚扰，就会很快地咬对方。

在古希腊时期，扁鲨就已经被渔猎作为食物，并且还被当作安康鱼卖到欧洲地区。自20世纪以来，频繁的捕鱼作业使它们的数量大大减少，如今已经从北部地区灭绝。剩余的群落也因为繁殖率较低而受到威胁。国际自然保护联盟将它们列为濒危动物。

日本扁鲨

日本扁鲨，身体平扁延长，普通的体长在1米以内，体型较大可达1.5米。头宽而扁，头宽大于头长，约占体长的$\frac{1}{5}$，头侧有薄膜突起；尾颇宽，向后逐渐变得狭窄，尾柄下侧有一皮褶，伸达尾基的后方，尾巴的长度大于头和躯干的长度。广泛分布于黄海、渤海和东海。

日本扁鲨的吻宽而短，广而圆，稍突出于颌的前方，前缘中部略微凹入，腹面在上颌上方有一条深沟。眼睛很小，卵呈圆形，背位，没有瞬褶；眼间隔小于喷水孔间隔。鼻孔小，位于吻端的两侧，外鼻瓣非常简单，呈薄膜状，后缘细裂不明显，里鼻瓣有2个平扁须状的突起，在外侧的又宽又大，边缘为薄膜状，细裂；在里侧者非常狭小，口亚前位。浅弧形，口

宽大于喷水孔外侧音质距离，上下唇褶都非常发达。下颌外侧后方有一个深沟。上下颌牙同型，基底宽大，齿头狭尖，边缘光滑，呈三角形，向后延伸；通常有 3 行使用，上下颌每侧每行有 9 ～ 10 颗牙。喷水孔比眼睛稍大，为椭圆形；喷水孔与眼睛之间距离和眼径相等，通常在幼体的时候，或者大于眼径 1.5 倍，通常在成体的时候；有 5 个鳃孔，特别宽大，侧腹位，下部转入腹面，最后一个位于胸鳍基底的前方。在喷水孔间隔中间有圆形的内淋巴管孔一对。有 2 个背鳍，大小和形状相同，外缘斜直，上角呈圆形，后缘平直或者圆凸，下角多圆钝；第一背鳍起点距腹鳍基底后端比距第二背鳍起点稍近或者相等；第二背鳍起点距第一背鳍基底比第二背鳍外缘长，基本相等或者稍大。尾鳍宽短，类似于扫帚的形状，下叶没有上叶大，前缘斜直，后缘凹入；下叶前、中、后互相连合，边缘斜直，与上叶相连。腹鳍非常宽大，起点距胸鳍基底为其基底长的$\frac{2}{3}$，前缘圆凸，后缘斜直，外角圆钝，里角延长且尖突；鳍脚宽而扁，向后逐渐变得狭小，后端钝尖。胸鳍很宽大，前缘圆形凹入，前端成一角状突出，外缘和后缘构成一个直角，里缘圆凸。鳞又细又小，基部宽大，齿头尖锐，背面正中线上自头后至尾鳍基有一纵行粗大的结刺；眼前、眼上、眼后的鳞比较大；雄性成体胸鳍外缘与后缘的边区，有一大群钩刺，刺头向后或者向里，在腹鳍前缘边区有一大群小钩刺。腹鳍腹面外侧和胸鳍各有一纵条鳞，尾部腹面除前端以外，均都有细鳞。体为锈褐色，隐具暗色和白色的斑点，胸鳍、背鳍和尾鳍基部没有大黑斑。腹面各鳍边缘呈灰褐色，其余地方没有白色。

日本扁鲨主要分布于黄海、东海和渤海，日本沿海和朝鲜也有分布。

日本扁鲨经常浅埋于泥沙中，露出头部，静待鱼类的到来，起而捕之。身体会分泌出大量的黏液，以去除泥沙。行动缓慢，不善于游泳。以鱼类、甲壳类和软体动物为食。

日本扁鲨多为卵胎生。胎儿有很大的卵黄囊，卵黄管又粗又短，每胎产 10 多个仔。

皱鳃鲨目

皱鳃鲨主要分布于大西洋的东部，日本到澳大利亚的西太平洋以及美国加利福尼亚州到智利的东太平洋地区。它属于鲨鱼中最原始的一个种类，被人们称为“活化石”。属于软骨鱼纲的一目。体长一般在1.5米左右。鳃间隔延长而且有褶皱，相互覆盖，所以就命名为皱鳃鲨，现存1科1属1种。

皱鳃鲨作为一种史前品种的深海鲨鱼，截止到2012年，科学家对皱鳃鲨的研究仍然存在很大的争执，无法确定它们究竟是0.95亿年前还是

3.8亿年前的远古物种。在小安的列斯群岛的第三纪以及意大利的上新世。人们仅发现的两条皱鳃鲨，都是在日本海岸附近发生的，时间分别是19世纪末和2007年。与许多深海动物相同，皱鳃鲨到达海面不久之后就会死亡。

皱鳃鲨的眼睛没有瞬膜。身体两侧分布有六条鳃裂，体长为1.5米左右，最长的雌鱼为1.96米、雄鱼为1.65米。体鳗形。有6对鳃孔。与普通鲨鱼不同的是，皱鳃鲨的嘴并不在下方，而是在前方，吻极其短小。上下颌牙同形。每牙有3个长齿尖，属于枝牙型，有基板似化石异棘类的牙齿。鼻孔位于侧腹面。有喷水孔。侧线呈沟状。脊索没有收缩；前10个脊椎有非常清楚的环状钙化物；在臀鳍以后的脊椎，也有环状钙化的迹象。臀鳍较长；尾鳍中的脊椎稍微向上翘，形成不明显的歪型尾。和大约在4亿年前出现的鲨的祖先——枝齿鲨非常相似。

皱鳃鲨通常喜欢栖息于较深的海中，大多出没在水深600 ~ 1000米的地方。卵为胎生。雄标本鱼有着非常发达的鳍脚。多在春天进行受精。卵囊一端突起。在母体内进行发育。孵化期一般为1年以上，幼鱼出生在夏季。皱鳃鲨的最大个体也只有2米长。据说它怀孕的时间特别长，需要1 ~ 2年，每胎只能生8 ~ 12条小鲨鱼。幼鲨出生的时候只有39厘米。皱鳃鲨满口的三角牙证明了它是非常凶猛的捕食者，但是一些科学家认为它不会攻击到人类。和深海里的其他鲨鱼和鱿鱼等鱼类非常相似，皱鳃鲨的牙齿也像针头。皱鳃鲨主要吃食其他的鲨鱼、硬骨鱼和鱿鱼。

角鲨目

白斑角鲨，也可称为棘角鲨或者萨氏角鲨，是一种非常有名的角鲨属成员。它们最主要的特征是在两个背鳍上都附有鳍棘，并且无臀鳍。它们广泛分布于世界上大部分的海面海域以及浅水，特别是在温带的海域分布较多。

白斑角鲨身体又细又长。头呈长而扁平状，尾巴与头和躯干相比都较短，尾基上方有一个凹洼，尾柄下侧从第二背鳍的基底后端下方起至尾基稍后止有 1 纵行的突起。吻长，背呈三角形，两侧向前逐渐狭小，前缘又钝又尖，侧视尖而突出。眼睛较大，为长椭圆形，前端较圆，后端尖而有

一个缺刻，没有瞬膜，距吻端比距第一鳃孔处稍近，眼的直径是鼻孔宽度的2倍，后缘几乎与口隅相对。鼻孔中大，呈外侧位，侧缘不向外围突出，距口端与距吻端大约相等，但只针对幼体来说，或者距口端比距吻端稍近，这是针对成体来说的；鼻间隔又宽又大，是鼻孔长的2.5 ~ 3倍；前鼻瓣中部有一个简单三角形的突出，没有分枝，出水孔暴露在外，后鼻瓣后部有一个低平半环形的薄膜。口浅弧形，近于横列，口宽相当于口前吻长的$\frac{2}{3}$ ~ $\frac{4}{5}$，而幼体的口较狭窄，口长大约等于口宽的$\frac{1}{5}$；口侧有一个斜形的深沟，唇褶较发达，上唇褶长而宽扁，约等于口宽的$\frac{1}{4}$ ~ $\frac{2}{7}$，下唇褶短，在口隅处被上唇褶所覆盖。齿的上下颌同型，单齿头型，侧扁接近长方形，边缘光滑，齿头外斜颇与颌平行，外缘深凹，多使用2至3行；上颌齿稍微狭窄，每侧每行有14个齿，下颌每侧每行有11 ~ 12个齿，上下颌都没有正中齿。喷水孔非常大，与肾的形状相似，前缘里侧有一层皮膜，能够关闭，位于眼后眼上缘的水平线上，与眼之间的距离大约等于眼径的$\frac{1}{2}$。有5个鳃孔，颇小，下侧位，下端稍转入腹面之上，前3个距离基本相等，最后2个距离较近，最后1个最宽，大约与眼径相等，位于胸鳍基底的前方。

背鳍有2个，分别各有一个硬棘。第一背鳍的起点与胸鳍的里角相对或者稍微靠后，距第二背鳍起点比距吻端较近；棘长与鳍的前缘长的$\frac{2}{5}$大约相等；上角又圆又钝，后缘凹入，下角延长尖而突出，距腹鳍起点垂直线有相当大的距离。第二背鳍比第一背鳍小，距腹鳍比距尾基要近许多；棘长与鳍前缘长的$\frac{4}{5}$基本相等；上角圆钝，后缘深凹，下角延长尖突，距尾基约与其基底长相等。尾鳍又宽又短，与扫帚的形状基本相同，比全长的$\frac{1}{5}$稍小，几乎与头的长度相等；尾椎轴又低又平；上叶非常发达，向上翘；下叶前部的大三角形非常突出，后部与中部又宽又短，与上叶相互连接，没有缺刻。腹鳍近似于长方形，位于背鳍间隔之后半部的下方，距第二背鳍比距第一背鳍近2倍或者2倍以上；后缘微凹或斜直，外角钝圆，里角钝尖而突出，未伸达第二背鳍起点下方，通常幼体较多，或者伸达第二背鳍起点下方，通常成体较多；鳍脚呈宽扁形，后端钝尖。胸鳍非常宽大，多为亚三角形，后缘浅凹，外角和里角都很圆钝，鳍脚伸越到第一背鳍的硬棘。盾鳞有3棘突，3纵嵴。

背面与上侧面呈灰褐色，下侧面与腹面多为白色。幼体的背面及上侧有2纵行的圆形或者长形的白斑，每行大约10余个；幼小者的背面白斑逐渐消失，上侧的白斑也相对减少；成体的白斑几乎消失，仅在上侧留存有几个不是特别显著的白斑。胎儿和幼体的背鳍上部多呈暗褐色，基部与后部为浅白色，尾鳍上叶端部呈暗褐色，下叶边缘为浅白色，胸鳍前部呈暗褐色，后部呈浅白色。成体的各鳍都呈褐色，边缘为浅白色。

白斑角鲨的鳍棘通常是遇到危险的时候用来保护自己的：当被捕捉的时候，它就会弯曲身体，以棘来割伤捕猎者，棘的底部会分泌出一些轻微的毒素。

白斑角鲨的群族可达数百甚至上千条。群族通常会由体型及性别差不多的白斑角鲨所组成。它们以细少的鲨鱼、硬骨鱼及多种无脊椎动物作为食物。它们也是其他鲨鱼、其他大型鱼类及水中的哺乳动物的猎物。

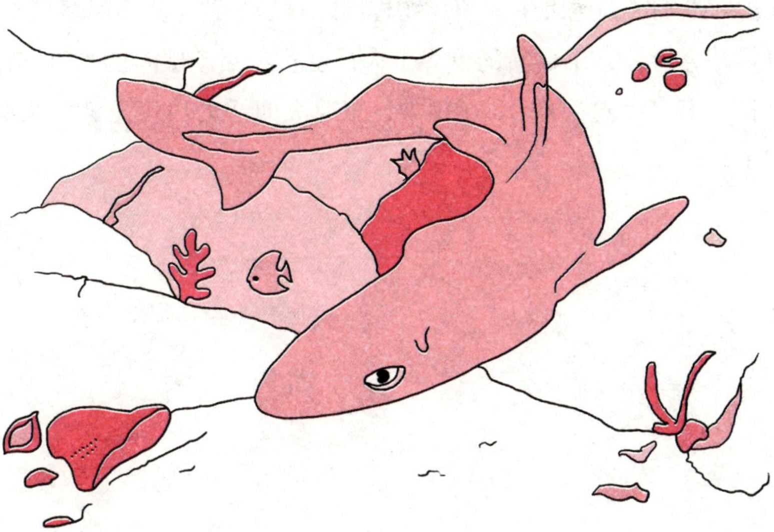

白斑角鲨在欧洲、加拿大、美国、智利新西兰及都会被用作食物。鱼肉一般主要销往法国、英格兰、比荷卢三国关税同盟的国家以及德国。鳍和尾巴可以作为价值较次等的鱼翅。它们还会被作为肥料、饲料及肝油，另外由于它们的体型特殊，也是作为实验教学材料最佳的选择。

白斑角鲨主要在沿海的冷水区域栖息，随着季节水温的变化而向南或者向北洄游，以及向浅处或者深处移动。主要以稍小的鱼类为食，但也使用各种各样的软体动物和甲壳动物。

白斑角鲨的背鳍有鳍棘，但没有臀鳍，背部分布有白点。尾鳍有不对称的突，形成了歪形尾。雄性大约于 11 岁的时候达至性成熟，身体长约 0.8 ～ 1 米。雌性约在 18 ～ 21 岁的时候性成熟，体型比雄性较大，可达 1 ～ 1.24 米。它们的身体多呈灰褐色及反荫蔽。雄性的一对腹鳍可变成输送精子的器官，统称为“鳍脚”，于交配的时候将鳍脚伸入雌性的阴沟中。

白斑角鲨属于卵胎生。卵子在母体内进行受精。雄性会将鳍脚伸入雌性的输卵管内，并沿着鳍脚上部分的沟排出精子。在受精以后，卵子会被一层薄膜所包围，通常会包裹几颗卵子。它们多在冬季进行交配，妊娠期可长达 22 ～ 24 个月，是脊椎动物中怀孕时间最长的。每胎平均大约有 6 ～ 7 条幼鲨，最多可达 11 条，最少的只有 2 条。

在国际性的《濒危野生动植物物种国际贸易公约》会议即将到来之际，世界自然基金会公布了最新的世界十大最受贸易活动威胁的物种名单，白斑角鲨榜上有名。过去的 10 几年中，东北大西洋的白斑角鲨数量减少了 95% 以上。

六鳃鲨科

六鳃鲨科有以下几个属

七鳃鲨属

尖吻七鳃鲨

尖吻七鳃鲨的体形匀称，而且尾部细而长，因为有六个腮的叫作“六鳃鲨”，所以把有七个腮的称为“七鳃鲨”，它是栖息在深水的大型鲨，经常生活在水深 27 ~ 270m 处，有的时候可以达到 1000m 处，也有的时候可以在近岸浅水区活动。属于卵胎生，每次可以产 9 ~ 20 仔，刚出生的仔鲨长约 26cm。

尖吻七鳃鲨的形态特征为：体延长，前部是亚圆筒形，后部稍侧扁。

头部稍平扁，头长约是全长的$\frac{1}{5}$。尾部稍侧扁，尾长大于头和躯干长，尾基上下方没有凹洼。吻中长，前缘尖突，口前吻长约为头长的$\frac{1}{4}$，鼻孔外缘至吻端距略大于鼻孔内缘间距的$\frac{1}{2}$。眼长椭圆形，眼径约是头长的$\frac{1}{4}$，距吻端比距第一鳃孔要近一些，它的前缘稍后于口前缘，没有瞬膜，眼间隔比较宽。鼻孔小，在下侧位，距吻端比距口更近，鼻孔的内缘到吻端距与至口前缘距约相等，前鼻瓣后缘扩大呈宽三角形，卷曲，后鼻瓣边缘波曲。

鼻间隔宽，大约为鼻孔长的 3 倍，口宽而大，前部钝尖形，两侧是直的，长稍微大于宽，口闭的时候上下颌紧合，不露齿；上下颌唇褶不是很发达，只限于上唇口隅处，褶沟向后伸达第一鳃孔之半程。齿侧扁，上下颌齿异型；上颌没有正中齿，每侧 9 ~ 10 齿，每个齿具有一个细长钩状齿头，第四到第六齿基底前、后方具有一个小齿头，第七到第九齿的基底前方具有 2 个小齿头，后方具一小齿头，第十齿具 3 齿头；下颌正中具一齿，中央齿头大，侧齿头细小，1 ~ 2 个；每侧 5 齿，长方形，第二或第三齿头是最大的，内侧具有 1 ~ 2 个小齿头，外侧具有 3 ~ 5 个小齿头。喷水孔小，上侧位，在眼的水平线稍上方，距离第一鳃孔比距眼的距离近一些。鳃孔每侧有 7 个，宽而大，下部伸达腹面，向后递小，第六鳃孔差不多与眼径等长，最后 1 个位于胸鳍基底前方。

盾鳞具有 3 个棘突，3 个纵嵴，背鳍 1 个，小而后位，起点几乎与腹鳍基底后端相对，垂直高大约是基底长的$\frac{2}{3}$，前缘圆凸形，后缘凹入，上角钝圆，下角尖突。尾鳍狭长，全长约为尾鳍长的 3 倍，尾椎轴低平，上叶不发达，下叶前部显著三角形突出，中部低而延长，后部微突，中部与后部间具一缺刻，尾端钝尖。臀鳍比背鳍稍微小一些，其基底长约为后者的$\frac{7}{10}$ ~ $\frac{9}{10}$，其后缘几乎是直的，外角圆钝形，里角尖突，起点几乎与背鳍基底后端相对。其腹鳍稍大于背鳍，后缘接近平直形，外角圆钝，里角尖突形。胸鳍较大，前缘微凸，后缘凹入，外角和里角钝尖，前缘的长大约

是宽的 1.3 倍。其背面和上侧面暗褐色，下侧面和腹面淡色，各鳍灰褐色，背鳍上部和尾端是灰黑色的。

尖吻七鳃鲨是一种很少见的鲨鱼，在它的头部两侧各有 7 个鳃孔，比一般的鲨鱼多了 2 个，所以把它叫作七鳃鲨。尖吻七鳃鲨的个体很大，最大的可以达到 2 米以上，在鱼类中属大个子了；但是，它的性情比较温和，从来不会与同类相争执。它为“人”朴素，从来不穿鲜艳或带花斑的“衣服”来炫耀自己。

六鳃鲨属

六鳃鲨属有以下几个物种：

1. 灰六鳃鲨

2. 大眼六鳃鲨

大眼六鳃鲨的最大长度为：180 厘米；常见的长度为：120 厘米。

其生活环境为海洋的深海底。

其主要分布在：中西大西洋的巴哈马北部的古巴，尼加拉瓜和哥斯达黎加；东大西洋的法国，摩洛哥，包括地中海。

哈那鲨属

哈那鲨属中有扁头哈那鲨这一物种。

长尾鲨科

长尾鲨

长尾鲨的尾椎轴低平，稍微上翘；其尾柄梢侧扁，没有侧突，其尾基上方具有 1 个凹洼，下方凹洼有的时候并不显著。其口呈弧形，具有唇褶。

长尾鲨最长的可以达到 4.5 米，普通的体长为 1.5 米左右，一般尾部是体长的一半。尾椎轴低平，稍上翘；尾柄梢侧扁，没有侧突，尾基上方具 1 凹洼，下方凹洼有时不显著。口弧形，具唇褶。眼圆形，小或中大，没有瞬膜。其喷水孔细小，鳃孔中大，最后 2 ~ 3 个位于胸鳍基底上方，其牙呈三角形，侧齿头或有或没有。第一背鳍位于胸鳍与腹鳍之间的上方或靠近腹鳍；第二背鳍和臀鳍都不大；但是其胸鳍很大。其广泛分布在大西洋、太平洋的热带、亚热带和温带各海区，其化石从第三纪到近代的都有。

长尾鲨广布于世界的热带和温带海洋，主要以乌贼与集群性鱼类为食。它们会先用长尾把猎物圈赶成小群，然后再进行掠食。有的时候还会用尾击晕猎物，或击打水面来恐吓猎物，一般情况下，认为其对人是没有害的。著名的弧形长尾鲨是体色深的一个大型种，可以长达6米，经常会在大西洋及东太平洋看到它。

长尾鲨可以说是名副其实的全能杀手，从牙齿到尾巴都可以当武器使用，特别是尾巴更是其利器。一只长6.1米的长尾鲨可能有一半的长度都在尾部，一些观察长尾鲨捕捉猎物的研究人员发现，它们会用长尾狠命地击水，从而借此来发出一种可怕的声音，把鱼儿吓得聚成一团，甚至是失去知觉，这个时候长尾鲨就可以好好地享受了，直到吃饱为止。

长尾鲨主要以远洋带的鱼群，比如扁鲹、鲔鱼及鲭鱼、鱿鱼及乌贼为食物。它们会追踪鱼群到浅水的地方，有的时候它们也会吃甲壳类及海鸟。

它们的分布范围很广，在大西洋、太平洋及印度洋的温带和亚热带海域都会有它们的踪迹。长尾鲨的种类不多，在中国只有3种，在南海和东海经常见的是弧形长尾鲨和浅海长尾鲨（也有人称浅海狐鲛），还有一种叫作深海长尾鲨，主要生活在外海的深处。

长尾鲨没有明显的生殖季节，其受精及胚胎成长都是在母体内进行的，也就是说它们是卵胎生的。每胎大约只有2～4头幼鲨，刚出生的时候，幼鲨长只有150厘米，其尾巴较幼。幼鲨在母体的时候是食卵黄的，而且会吃其他的未受精卵。长尾鲨要经过很长的时间才会长到性成熟。其雄性大眼长尾鲨要到7～13岁才会达到性成熟，而雌性则要到8～14岁。它们的寿命可以长达20年以上。

鼠鲨科

鼠鲨科中有以下几个属：

鲭鲨属

1. 尖吻鲭鲨

尖吻鲭鲨的形态特征为：其躯体呈纺锤形，躯干较粗壮，头、尾渐细细小。其尾基上下方各具一凹洼；尾柄具侧突。吻长而尖突。眼大，圆形，没有瞬膜。鼻孔小，接近于眼端。口裂宽，深弧形；唇褶约是颌长的一半。其颌齿侧齿而尖锐；其前端齿头细长弯曲，后端齿头短宽，三角形；没有侧齿头；每侧每列约有 10 ～ 12 个，2 ～ 3 列使用。其喷水孔细小，位于口角上方。背鳍有 2 个，第一个背鳍中大，起点与胸鳍后端相对，后缘凹入，上角略尖圆，下角尖突；第二个背鳍很小，基底中部与臀鳍起点相对，后缘微凹入，上角钝圆，下角延长尖突；胸鳍宽大而延长型，是镰刀状，

但是比头长略短一些，其后缘凹入，外角钝尖，内角钝圆；尾鳍宽短，尾椎轴稍微上扬，上尾叉较长大，由上叶、尾椎轴及下叶中部组成；下尾叉较短小，主要由尾鳍下叶前部的突出部分组成，其中、后部间具缺刻。其体背侧青灰色；吻腹侧及腹部淡色至白色，其体长可以达到 4 米。

尖吻鲭鲨是近海上层的大型鲨鱼，性情凶猛，善于游泳，速度快，可能是鲨鱼中游速最快的一种，尖吻鲭鲨比其他的鲨鱼有较好的水动力学形状，再加上鼠鲨科一般的好氧肌肉质量较高，可见尖吻鲭鲨有惊人的速度。尖吻鲭鲨的速度，其最高纪录为每小时 50 公里，也有报告称尖吻鲭鲨可以达到每小时 74 公里，尖吻鲭鲨的体温会保持在高于周围海水的温度，这就可以帮助尖吻鲭鲨在追捕硬骨鱼、海豚、乌贼和其他鲨鱼的时候获得更快的加速度。尖吻鲭鲨可以跃起达到 9 米高，尖吻鲭鲨主要巡游在大海中，有的时候还会游到沿岸及近海大陆棚及岛棚水域，夏季还会随着暖流而移动。其栖息深度由表层至深达 740 米左右（通常在 100 ~ 150 米深度之水层），一般都可以在水的表层发现它们。尖吻鲭鲨主要以硬骨鱼为食，其中包括鲭鱼、鲔鱼、鲣鱼及剑鱼，但也会吃其他的鲨鱼、鼠海豚科及海龟等。雌性的尖吻鲭鲨一般在体长达到 3 米的时候会性成熟，其妊娠期为 15 ~ 18 个月，尖吻鲭鲨为卵胎生，胎儿在子宫内有同种相残的习性，这是子宫内的同类相食。一胎可以产下 4 ~ 18 尾幼鲨，幼鲨会在深冬以

及初春的时候出生，刚产下之幼鲨体长可以达到 0.6 ~ 0.7 米左右。其分布范围比较广泛，它们分布在世界上各温带及热带海域，在水温低于 16℃的海域也比较少出现，在台湾南部、北部、东北部及东部海域也有分布。

因为尖吻鲭鲨速度快、体型大加上独特的滋味，从而使它们成为全球热带和温带海洋钓鱼人士的珍贵猎物，人们主要用流刺网以及镖旗鱼的方法对其进行捕获，其经济价值是很高的。其肉质佳，鱼肉可以红烧或是加工成各种肉制品；其鳍可以做鱼翅；其皮厚可以加工成皮革；其肝可以加工制成鱼肝油；剩余物可以制成鱼粉。

尖吻鲭鲨完全长大以后可以达到 2.75 米长，最重的可以达到 800 公斤，其背部呈青色，其复部则呈白色。虽然雄性与雌性的生长率是没有什么差别的，但是相信雌性会比较长寿，而且较雄性会更大，更重一些。尖吻鲭鲨最广为人知的是它们在水中的速度以及它们跃起的能力。有人曾经见过一只愤怒的尖吻鲭鲨从水面跃起到船上，再加上鼠鲨科一般的好氧肌肉质量较高，可见它们有着非常惊人的速度。尖吻鲭鲨的身体光滑而细长，鼻端呈长锥形；它的胸鳍很短，尾鳍呈半月形；尾巴底部有明显的龙骨；第二背鳍较第一背鳍细很多；牙齿幼长，而且还有轻微的弯曲，当嘴巴紧合的时候仍然可以看见牙齿。尖吻鲭鲨的背部呈金属青色，但是其腹部呈白色。

尖吻鲭鲨可以跃起 9 米高。它们具有高度的迁移性。它们也是四种恒温鲨鱼之一，这就可以帮助它们游得更快。关于尖吻鲭鲨的寿命仍然是个谜，有人怀疑它们可以达到 11 ~ 23 岁。尖吻鲭鲨是卵胎生的，其妊娠期约为 15 ~ 18 个月。在尖吻鲭鲨母体内的胚胎会互相消耗对方来取得养分，这是子宫内同类相食。雌性尖吻鲭鲨一般在体长达 3 米的时候会达到性成

熟。在妊娠期的 15 ~ 18 个月内，其发展中的胚胎会在子宫内吃未受精卵。在出生的时候约有 70 厘米长，在发展期间它们不会有胎盘的连接，估计雌性在产下幼鲨以后要休息 18 个月之久。

2. 长鳍鲭鲨

长鳍鲭鲨俗称：马加鲨、烟仔；

科目：鲭鲛科；

最大长度：417cm；

栖息深度：0 ~ 500 米；

地理分布：其广泛分布在世界各温带及热带之大部分海域。台湾南部、北部、东北部及东部海域有分布；

栖息环境：大洋、深海、近海沿岸；

渔业方法：主要用流刺网以及镖旗鱼的方法进行捕获，其经济价值很高。肉质佳，鱼肉红烧或加工成各种肉制品；其鳍可以做鱼翅；其皮厚可加工成皮革；其肝可加工制成鱼肝油；剩余物可以制成鱼粉。

噬人鲨属

1. 大白鲨

大白鲨又被叫作食人鲛，其还叫作白鲛、噬人鲨，为巨型猎食性鲨鱼的一种。最早的时候是在中新世，是现存的唯一的噬人鲨属的成员，在各个主要的大洋出没。

大白鲨的体型非常的庞大，可以说是这个世上最大的捕食性鱼类。它的身长可达 6.1 米，重有 2268 千克。还是不少海洋哺乳类动物的最主要的天敌，另也会猎食海鸟以及其他的鱼类等等一切可以捕杀到的海洋生物。大白鲨攻击人类的次数同时也在所有鲨鱼中位列第一，所以为声名狼藉的水中捕猎者。不少电影或是小说里面也总是以大白鲨噬人作为主题，然而，事实上人类并不是其理想的猎物。

大白鲨的头很大，体型成厚重的纺锤状，体侧有五道长鳃裂。大白鲨并不是说如其名所暗示的那样是白色的，在它的身体上半部是深色的（深蓝、深褐甚至黑灰色），其下半部是白色的。有两背鳍，其中第一背鳍是耸立而明显的。尾鳍成半月形，上下端差不多是等长的。口中含有利齿，一共有五到六排，每排大概有 46 颗齿。上颚齿为宽阔而薄的三角形，下颚齿为狭长而厚的三角形，上下颚齿两侧皆生有锯齿。

传统上，研究者会认为大白鲨的年龄是能够由脊椎骨上的轮数判读的。大白鲨的寿命通常能够达到 25 到 30 年，并在约 12 至 15 岁的时候达到性成熟（此时公鲨体长约 3.7 到 4 米，母鲨体长约 4.5 到 5 米）。在 2014 年的一项依核辐射定年的初步研究中，指出大白鲨的寿命是远远超过了之前的估计。如果此研究正确，大白鲨的寿命就有可能达到 70 年左右。

大白鲨，是一种少数的半恒温的动物，大白鲨的身体末端的血液靠近流动血液，就是这样将温度保持在摄氏 23 至 26 度，使它能够保持住高于环境温度的体温，而这让它在非常冷的海水中也能够非常适意地生存。即使很难在大多数的沿海地区看到它，可是渔船和潜水船总会与它不期而遇。

2. 巨牙鲨

巨牙鲨也叫做巨齿鲨，在希腊语中它指的是巨大的牙齿。它是史前巨大的鲨鱼，大约生存在二千万到一千二百万年前。

牙齿化石巨牙鲨只是从牙齿化石以及一些脊椎化石中推断出来的一种生物。与其他的现代鲨鱼很相似，它的骨骼是软骨而不是骨头，所以就形成了骨骼化石纪录的缺乏。但是，巨牙鲨大约过百的大型坚硬珐琅质牙齿却保存了很久。这些牙齿与大白鲨的牙齿很相似，其最大倾斜长度约 0.25 米。有研究表明它是大白鲨的近

亲。但是这个近亲论说也在不断被质疑，有些人认为牙齿的类似只是因为趋同演化的缘故。不管怎么样，这种用牙齿推论的方法使我们知道这种生物在史前是巨大体型的猎食者。据研究，巨牙鲨最大的体型为20.3米长。从这种身型上来看，巨牙鲨的重量大约可以达到60吨。如果以大白鲨的新陈代谢来作为比例的话，它估计平均每天需要摄取它体重$\frac{1}{50}$的食物，也就是2400磅的食物。从已知的史前食物链来看，一般都相信它会以鲸鱼作为粮食。

1995年，有建议把巨牙鲨分类在另一个新的属中，称为古鲨属。但是到目前为止，在分类上的问题还没有得到解决。很多古生物学者都主张把它分类为古鲨属，但是另一些有海洋生物学背景的学者却坚持巨牙鲨与大白鲨的关系，所以把它分类为噬人鲨属。主张古鲨属的学者也认为巨牙鲨的祖先应该是始新世的一个物种，但是大白鲨的祖先则为另一个物种。

关于其灭绝理论：因为巨牙鲨主要以鲸鱼为粮食，因为两极的海水变冷而不适合巨牙鲨生存，所以鲸鱼就可以逃避巨牙鲨的捕猎，从而使巨牙鲨因缺乏食物而灭绝。其他的解释指出任何对食物链的影响，都会把庞大的有新陈代谢需求的猎食者淘汰。也有的科学家指出，巨牙鲨还没有灭绝，在今天仍然有生存者。当大部分主流的专家都认为巨牙鲨已经灭绝，但仍有人认为巨牙鲨的孑遗仍然存在，但是证据仍然缺乏证据。有人指从挑战者号发现的巨牙鲨牙齿化石表面所积聚的锰，推算出巨牙鲨应在10000至15000年前依然生存。但是也有人指出这种估计是不准确的，他们认为巨牙鲨在上新世以后的估计是根据过时的测试方法。但是更有指出巨牙鲨可能是沿岸的鲨鱼，在深海生存的可能性是微乎其微的。有一些其他把疑似鲨鱼的大型生物当作是巨牙鲨的报告，多是把姥鲨科、鲸鲨科或其他大型的生物误认为是巨牙鲨。

鼠鲨属

1. 太平洋鼠鲨

太平洋鼠鲨，又名鲑鲨，是一种出没于北太平洋的鲨鱼。太平洋鼠鲨是顶级掠食者，它们主要以鲑鱼、鱿鱼、黑鳕鱼及非鱼为食。太平洋鼠鲨的特征是它们可以保持体温，也就是其具有恒温性。在东太平洋及西太平洋之间，它们的性别分布有一定的差别，但是到现在还没有明确的原因。成年的太平洋鼠鲨的身体大部分呈深灰色到黑色，腹部呈白色有暗斑点。其幼鲨在外观上很相似，但是却没有这些斑点。其鼻端较短，呈锥形，整体的外形很像细小的大白鲨。太平洋鼠鲨一般成长到 2 ~ 2.6 米长以及 220 公斤重。雄性的最大体型也较雌性的细少，经未证实的报告显示，太平洋鼠鲨可以有 4.3 米长，而经过已证实最大的大约只有 3 米长。

太平洋鼠鲨是卵胎生的，其每胎大约有 2 ~ 5 头幼鲨。就像其他的鼠鲨目，太平洋鼠鲨是食卵黄的，胚胎在母体内时会以母亲的卵子作为食物。雌性会在 8 ~ 10 年达到性成熟，而雄性一般会在 5 岁达到性成熟。它们的繁殖期并不确定，据说是每两年都会在夏末或初冬进行交配。其妊娠期约 9 个月。有研究指出，它们出生的性别比例为每一头雌性就有 2.2 头雄性。

太平洋鼠鲨是少数的可以控制其体温的鱼类。它们是以反流的交换来控制其体温的。流往末端的血

液靠近回流的血液，因此就可以产生热量。其回流的血液是温暖的，这样就可以保持身体的温度恒定。据说，这种能力可以帮助太平洋鼠鲨在不同的水温中追捕猎物。

太平洋鼠鲨生活在海岸到滨岸带以及光合作用带的海域，而且还会出没于北方较冷水温的地方。它们在大陆的海面是很普遍的，但是只限于近岸到近海滩的区域。它们会单独或成群的出现，有的时候也会有几头一同猎食鱼群。太平洋鼠鲨主要生活在北太平洋，其中包括海岸及远洋区域。最南的可以达到日本海及南加利福尼亚州，最北的可以到达北纬65° 的阿拉斯加。有个别的太平洋鼠鲨也曾经潜至水深668米处，但是大多数在一般情况下还是生活在光合作用带的。

现在并没有捕捉太平洋鼠鲨作商业用途，但是有的时候也会因为鲑鱼渔业而成为被丢弃的副渔获物。其实太平洋鼠鲨对于渔业是一种干扰，因为它们会破坏捕鱼的装置，而且会消耗一定的渔获。有报道指出，渔民会故意伤害太平洋鼠鲨。在阿拉斯加，太平洋鼠鲨会被当作是一种钓鱼体育的猎物。阿拉斯加的钓鱼法规就限制了每人每年只可以捕捉不多于两头的太平洋鼠鲨。虽然太平洋鼠鲨被认为可能会伤害人类，但这毕竟还是少数

的。有报道指出，潜水员曾经被太平洋鼠鲨攻击，而且有的太平洋鼠鲨会碰撞船只。但是也没有确凿的证明这些鲨鱼就是太平洋鼠鲨。

2. 鼠鲨

鼠鲨也叫大西洋鲭鲨，是鼠鲨科的远洋大型鲨鱼。鼠鲨胸鳍的正前方各有五个鳃裂，主要产于大西洋及地中海地区，属于鼠鲨科，也叫作鲭鲨科，在这个科中还包括产于太平洋的太平洋鼠鲨，以及短鳍鲭鲨与大白鲨。鼠鲨主要栖息在水面附近，偏好深而辽阔的水域，但是它们有的时候也会冒险游到水深 6 米以下的水域中，岸钓者曾经钓起过一头超过 45 千克的鼠鲨。鼠鲨最长可以达到 3 米左右，其重量可以达到 227 千克。鼠鲨最特别的地方就是在其背鳍上有一白纹。这就使它们与太平洋鼠鲨以及大白鲨有一定的分别。其尾鳍上有两个龙骨，与太平洋鼠鲨非常的相似。

鼠鲨主要分布在自北美洲东北部海岸（由新泽西州至格陵兰）以及非洲西北部海岸、摩洛哥或西撒哈拉以及地中海，至冰岛对出的海洋、挪威的北岸及俄罗斯的西北海岸。因为有的时候它们还会在没有受刺激的情形下对游泳、潜水、冲浪的人，甚至小型的船只进行致命的攻击，所以它们恶名昭彰。鼠鲨在世界自然保护联盟濒危物种红色名录中被列为易危。加拿大也把鼠鲨列为濒危动物，在近年来，英国海域过分捕杀也杀死了大批的鼠鲨。

鼠鲨的主要科：

1. 铲吻鲨科，只铲吻鲨 11 种，产于日本。

2. 锥齿鲨科，仅 1 属约 6 种，其体长一般在 2 ~ 3 米，大的可以达到 6 米；其为卵胎生。主要分布于西大西洋、北大西洋、地中海、西南大西洋和印度洋。中国产 2 种，性情很凶猛。

3. 鼠鲨科（也叫鲭鲨科），有 3 属 5 种。噬人鲨属只 1 种，它广布各热带和亚热带海区，在中国主要见于南海和东海；鼠鲨属有 2 种，广布于寒带和温带海区，中国还没有纪录；鲭鲨属有 2 种，中国只有 1 种，分布在南海、太平洋和印度洋。

4. 姥鲨科 1 属 1 种。其体型庞大，长可以达到 15 米。鳃弓具密列细长鳃耙，滤食浮游动物和小鱼。其广泛分布在世界的各海区。

5. 长尾鲨科，只有 1 属 3 种。广布在热带和温带各海区。在中国只有 3 种。

6. 须鲨科，约有 11 属 28 种。广布于热带和亚热带。在澳大利亚、印度尼西亚和菲律宾海区特别多。在中国现有 5 属约 9 种，都是小型的鲨鱼，属浅海种类，其体具斑纹保护色。

7. 橙黄鲨科，只有 1 属 3 种。主要分布在菲律宾、日本和南海。

8. 鲸鲨科，只 1 种。其体庞大，长可以达到 20 米。广布于各热带和温带海区，中国各海区夏、秋季节也都有分布。

鼠鲨主要产于北大西洋及地中海。鼠鲨主要是远洋的鲨鱼，但是也可以在海岸中找到。它们一般生活在水温到 5℃ ~ 10℃的冷水中，但是也有的生活在低至 1℃ ~ 23℃的地方。它们经常出没于海面至水深多于 700 米的地方。

鼠鲨是最快速的鲨鱼之一，它们可以完全地跃出水面。鼠鲨是机会主义者，主要以硬骨鱼，比如鲭鱼、鲱鱼、帆蜥鱼及刀鱼主食。

生殖：鼠鲨是卵胎生的。其妊娠期约 8 ~ 9 个月。每胎最多可以出生 6 头幼鲨，一般的都是 4 头。幼鲨在刚出生的时候长约 60 ~ 80 厘米。雌性鼠鲨在约 12 ~ 13 年会达至性成熟，雄性却要 7 ~ 8 年。

鼠鲨的钓法：在钓鲨鱼的时候一般要用到拖钓及漂流钓，但是对于那些游到近海浅水中的小鲨鱼也可被岸钓者钓到，包括咸水毛钩。在处理鲨鱼的时候要小心避免受伤。

鼠鲨的钓具：在岸边钓鲨鱼的时候，可以用 3.4 ~ 3.7 米的钓竿以及强力卷线器、8.2 千克单纤母线再加上一根钢丝引线、1 个 113 ~ 170 克的铅锤及 4/0 ~ 6/0 号的钓钩；或是用一套中至重型咸水毛钩钓装备，再加上一根系在竿尖顶端的 30 百花齐放钢丝以及扎在 5/0 或 6/0 号钓钩上的毛钩。在拖钓及漂流钓的时候，钓具要根据你打算钓到的鲨鱼大小而定。比如，一套 9.1 千克级装备对钓角鲨等小种鱼来就应该是足够的，但是对于钓青鲨、鼠鲨及鲭鲨等较大鱼的时候却需要 22.7 ~ 36.3 千克级别的钓具。

钓鼠鲨的钓饵：主要用新鲜的（比如鲭或鳕）鱼片钓小鱼，用整只鱼来钓较大的鱼。毛钩钓的时候，可以用白色遂带毛钩。

剑吻鲨科

剑吻鲨科是鼠鲨目的一个科，这个科鲨鱼的眼小，吻向前突起，形成一尖突，主要就是用它来感觉猎物。背鳍比腹鳍和臀鳍都要小很多，尾鳍与其他的鲨鱼一样，其上半叶比下半叶长，其皮肤是半透明的，所以会显露出血液，从而使身体呈粉红色。剑吻鲨科的鱼目前已经发现的有 45 种，最大的可以达到 3.85 米长，分布在世界各地的温带和热带海洋中，一般生活在 30 ~ 1200 米深的海底，主要以捕食章鱼、蟹和底栖鱼为生。

剑吻鲨属

剑吻鲨属是剑吻鲨科下的惟一一个属，它们的外观与现存的欧氏尖吻鲛是没有什么差别的，所以有学者把欧氏尖吻鲛重新分类在剑吻鲨属中。但是，大部分的鲨鱼专家都认为它们有足够的分别可以成立另一个属。它的另一个特征就是半透明的皮肤，主要因为其血液而使身体呈粉红色，主要用其吻的电子敏感器官来侦测猎物。一旦剑吻鲨发现了它的猎物，它们就会突然伸出其颚，以像舌头的肌肉来把猎物啜入前齿。它们主要以深海石头鱼、头足纲及甲壳类等为猎物。在 2004 年，剑吻鲨被世界自然保护联盟列为低危物种。虽然很少可以看到剑吻鲨，但是就其分布世界各地海域的情况来看，再加上它很少被作为副渔获物被捕获，所以可以推断，它并没有出现灭绝的合理危害。世界自然保护联盟指出，剑吻鲨最大的敌人将会是狩猎、意外死亡以及水污染。但是到现在为止并没有任何的行动来保护剑吻鲨。它的颚可以伸缩到大西洋的墨西哥湾，它们首先是在日本的海域被发现的。

锥齿鲨科

锥齿鲨属

1. 沙虎鲨

2. 印度后鳍锥齿鲨

印度后鳍锥齿鲨也叫作三峰砂锥齿鲨或三峰锥齿鲨，它是一种锥齿鲨，主要分布在印度洋以及西太平洋。它们的体长可以达到 3.7 米。印度后鳍锥齿鲨是卵胎生的，它们的胚胎会吃卵黄及其他的卵子。有些科学家指出，印度后鳍锥齿鲨其实就是同属的沙虎鲨，而不是另一个物种。

砂锥齿鲨属

1. 凶猛砂锥齿鲨

凶猛砂锥齿鲨是锥齿鲨的一种，主要分布在所有热带以及亚热带的大陆棚中，水深 10 ~ 500 米处。凶猛砂锥齿鲨的吻短而尖，眼睛细少，牙齿伸出来就好像尖棘，其背鳍化臀鳍细少但是大小相同。第一背鳍接近胸鳍比腹鳍要多。凶猛砂锥齿鲨出没在大陆棚及岛基台的海底以及较高的斜坡，但有的时候也会出现在浅海。它们以细小的硬骨鱼、鱿鱼及甲壳类为食物。它主要利用其长体腔以及肝脏来控制浮潜。凶猛砂锥齿鲨都是卵胎生的，胚胎会吃卵黄及其他的卵子，所以每一胎就只有约 2 头幼鲨。它们的肉可以成为人类的食物，肝脏也有高的角鲨烯含量。凶猛砂锥齿鲨的背部呈灰色，其腹部较淡色，在两侧可能会有红点。

2. 大眼砂锥齿鲨

大眼砂锥齿鲨是一种锥齿鲨，主要分布在东大西洋以及东太平洋中部600 ~ 1000米水深的大陆棚以及岛基台。其雄性有3.6米长，雌性有3.25米长。大眼砂锥齿鲨的吻圆，眼睛都很大，主要呈卵型，没有瞬膜。其身体呈均匀褐色，除了胸鳍以外，所有的鳍后都带有黑边。它们都是卵胎生的，胚胎以卵黄以及其他的卵子为食。

糙齿鲨科

糙齿鲨

糙齿鲨也叫作蒲原氏拟锥齿鲨或鳄鲛，是糙齿鲨科（或称拟锥齿鲨科）中的惟一一个物种。主要分布在全球各热带以及亚热带的海域，平时主要栖息在 590 米深的海里。它们可以生长至超过 1 米长。主要以小型鱼类、乌贼以及虾类为食。

糙齿鲨是生活在海洋的鲨鱼，它们一般会在离岸的区域出没，偶尔会在浅海附近出现。

糙齿鲨是中等身形以及呈锭子状的鲨鱼，它们有很大的眼睛，鳃裂长

到背部，牙齿呈针状，其尾巴上有细少的龙骨及尾前小窝。背鳍低及细少，第二背鳍比第一背鳍少一半，但是比臀鳍要大；胸鳍阔而圆；其身体背部呈浅或深灰色，腹部较浅色；其鳍有白边，身体上有的时候会有细少的白点，口部以及鳍裂之间有大白点。饮食糙齿鲨是以远洋的硬骨鱼、鱿鱼以及虾为食物的。

糙齿鲨的行为不明，但是它们可以游得很快，可能会跳出水面。它们是远洋的鲨鱼，它们有大的眼睛，所以科学家们认为它们是在夜间活动或在深海觅食的。

糙齿鲨是卵胎生的，其胚胎会以卵黄及其他卵子为食，每胎约有 4 头幼鲨。

虽然糙齿鲨对人类并没有什么危害，但是它们强壮的颚骨、颚部肌肉以及牙齿都会令人生畏。它的身体中对人类最有用的是那充满角鲨烯的肝脏。在很久以前，日本对其进行过捕猎，但是并没有造成很大的影响。

真鲨科

真鲨科包括以下几个属：

直齿鲨属

1. 短鳍直齿鲨

短鳍直齿鲨的身体呈纺锤形，其躯干粗大，头尾细小。头平扁，头长稍小于全长的$\frac{1}{4}$。尾长短于头和躯干长，尾基具凹洼。其吻平扁中长，前缘较为钝尖。眼较小，圆形，具有瞬膜。鼻孔中大，斜列。其口宽大，浅弧形，口闭的时候齿不暴露，其唇褶短小，上下颌齿同型，边缘很光滑，尖而直立，其基底较宽。喷水孔已经消失了。其有5个鳃孔，中间的最大。第一背鳍中大，起点稍微比胸鳍里角靠后一些；第二背鳍较小；尾鳍较长，尾椎轴上翘；腹鳍和臀鳍几等大，呈方形；胸鳍镰形。其体背侧呈灰褐色，腹侧淡色并散布有不规则的暗斑点，

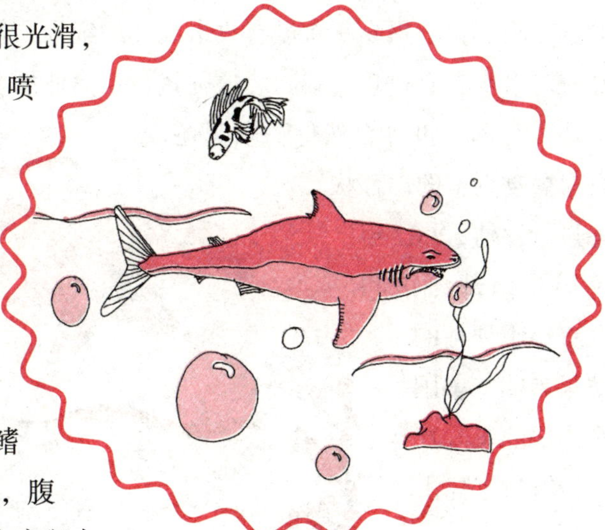

各鳍呈灰褐色，其暖水性近海栖息，属胎生，每次可以产 3 ~ 15 仔，最长的可以达到 2780mm。其肉质佳，皮可以制作革。主要分布在中国南海，红海、西印度太平洋、大西洋的西部。

2. 直齿鲨

真鲨属

1. 黑吻真鲨

黑吻真鲨是真鲨中的一种。它们通常生活在大西洋西部的热带和亚热带海域。黑吻真鲨一般会居住在沿着海岸的海草，沙地等区域中。成年的黑吻真鲨却喜欢栖息在更深的水域之中。小的黑吻真鲨一般的体长就有 1.3 米。黑吻真鲨具有长而圆的前吻，它的眼睛很大，前背鳍很小，是典型的流线型（真鲨科）的身形。它的俗名来源于它前吻顶部上的黑色斑点，但是年长的黑吻真鲨的这一特征会慢慢地变得比较模糊。黑吻真鲨主要以捕食小的硬骨鱼类和头足类动物为食，同时它们也是其他大型鲨鱼的猎物。它们与本属鲨鱼的其他成员很相似，都是采用胎生的方式进行繁殖的，也就是胚胎始终附着在胎盘上。雌性的黑吻真鲨在经历了 8 ~ 11 个月的怀孕期以后，会在每年或者每两年的晚春或者初夏的时候产下 3 ~ 6 个新生的小黑吻真鲨。黑吻真鲨没有攻击人类的纪录，但是也有资料显示它们曾经有对潜水者有过攻击威胁。这种鲨鱼在商业捕鱼和休闲垂钓占着中等的地位。目前，世界自然保护联盟还没有对黑吻真鲨的现存状态进行评估；2002 年，美国东南部评估和审查小组评估的结果表明，美国东南部的黑吻真鲨没有过度捕捞的情况。

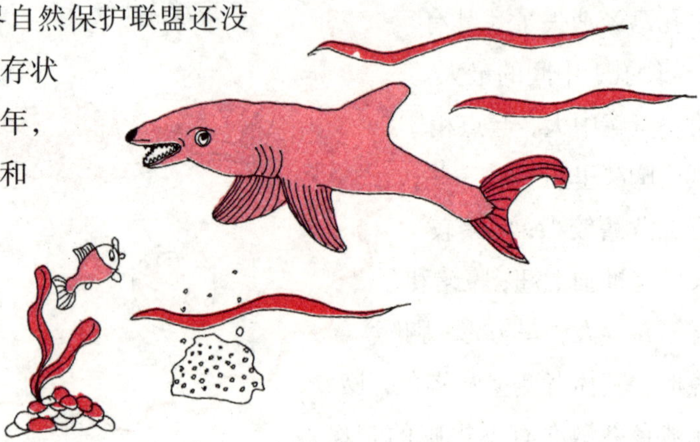

黑吻真鲨的名字来源于其前吻顶部上特征的黑色斑点。它的学名是由古巴的博物学家 Felipe Poey 命名的。他在 1860 年发表的著作《古巴岛自然历史报告》中对黑吻真鲨进行了描述，而且还把它命名为 Squalus acronotus，后来才改为现在的黑吻真鲨。其模式标本是在古巴附近捕捞的一条 98 厘米长的雄性黑吻真鲨。2008 年，Mine Dosay-Akbulut 对黑吻真鲨做了基于核糖体 DNA 的系统发育分析，其结果表明，黑吻真鲨和黑边鳍真鲨具有较近的亲缘关系。

黑吻真鲨栖息在美洲西海岸及其岛屿的大陆架海域，其主要分布范围北到北卡罗来纳州，南到巴西的海域，其中包括巴哈马，墨西哥湾和加勒比海。它们经常会出没于海草床，沙地和贝壳或珊瑚地中。黑吻真鲨经常会按照体型的大小和性别进行分开聚居。一般只有在浅水域中才会发现年轻的黑吻真鲨，但是成年的黑吻真鲨却喜欢栖息在深度大于 9 米的水域。生活在南大西洋湾（美国南部的大西洋海岸附近海域）的黑吻真鲨在夏天会向北部鱼类迁徙，冬天就会向南部（或者远离海岸）迁徙；生活在墨西哥湾的黑吻真鲨也有相类似的迁徙运动。黑吻真鲨具有高度的归家冲动，有资料表明，幼年和成年黑吻真鲨都会年复一年地回到同一个区域。

黑吻真鲨具有细长的流线型的躯体，而且还有长而圆的前吻和大眼睛。每个鼻孔前都有发达的皮瓣，其作用是控制进出水流。其上颚和下颚的两侧分别有 12 ~ 13 和 11 ~ 13 排牙齿。其牙齿呈斜的三角状，有锯齿状的边缘；其上颚牙齿比下颚的牙齿要宽大。有五对鳃裂，都比较短，其长度还不到第一背鳍基底长的 $\frac{1}{3}$。第一背鳍比较小，似乎呈镰刀状，其鳍顶部较尖，有一个短的自由末端；相对于其他鲨鱼是较大的，但是它还是没有第一背鳍的一半高，而且两个背鳍之间也没有隆起的部分。胸鳍较短而且呈楔形状，躯体由部分重叠的盾鳞覆盖，其盾鳞有 5 ~ 7 个纵向突起，从而形成边缘齿。其背部为黄色到灰绿色，腹部为白色到黄色。其前吻顶部有一个特征的暗斑，在幼年的黑吻真鲨身上表现得特别明显。第二背鳍的顶部，尾鳍上叶（尾鳍下叶有时）为暗色，黑吻真鲨通常有 1.3 ~ 1.4 米长，10 公斤重，其最长的纪录为 2.0 米，最重的纪录为 18.9 公斤。

黑吻真鲨的体型较小，但是游速快。它主要捕食小型的硬骨鱼，其中包括重牙鲷，石首鱼科，鲷科，醍鱼，箱鲀和二齿鲀科，还有章鱼和其他的头足类动物。黑吻真鲨的速度使它们可以在和大型鲨鱼，比如加勒比礁鲨竞争猎物的时候获胜。黑吻真鲨可以组成大的鱼群，有的时候还会夹杂有一些醍鱼和梭鱼。但是，黑吻真鲨也会被更大鲨鱼所捕食。从被俘获的黑吻真鲨的行为观察表明，它们对于入侵的潜水员或是新来的其他黑吻真鲨会表现出明显的攻击威胁。其攻击威胁主要表现为鲨鱼弓背，放低胸鳍，张开大嘴并大幅度的左右游弋。

黑吻真鲨的繁殖与其他的真鲨一样是胎生的，在胚胎的发育把卵黄消耗殆尽的时候，空的卵黄囊就会发育为一个连接胎盘的通道，从而用来接受母体所提供的营养。雄性企图每年都进行交配，但是雌性只希望每两年繁殖一次。但是根据对巴西东北部附近水域黑吻真鲨的研究，有科学家提出，雌性繁殖周期是足够短的，是可以每年都进行交配的。其卵黄生成作用（卵巢中形成卵黄的过程）发生在夏末，而且会很快在秋季发生交配和受精，但是小鲨鱼会在来年的春天到夏天诞生。这些过程的季节性表明，南北半球的黑吻真鲨种群的繁殖循环可以相差约 6 个月。雌性的怀孕期大约 8 ~ 11 个月（美国东南部水域）。雌性一般会在浅水域的产卵区，比如

沿海海湾或红树林沼泽产 3 ~ 6 个幼鲨；其中一个已知的产卵区是在南卡罗来纳州的公牛湾。雌性的体型大小和所产幼鲨数量是没有关系的。

新生的幼鲨大约有 38 ~ 50 厘米长。与雄性的黑吻真鲨相比，雌性黑吻真鲨生长得比较缓慢，但是却也可以达到更大的体型，而且还可以有更长的寿命。另外，墨西哥湾的鲨鱼要比南大西洋湾的生长更缓慢，寿命也会更长。在南大西洋湾，雄性和雌性的成年鲨的叉长（从前吻到尾鳍叉）大约在 90 左右，所对应的雄性年龄为 4.3 年，其雌性的年龄为 4.5 年。在墨西哥湾，雄性与雌性的叉长都在 85 厘米左右，对应的雄性年龄为 5.4 年，雌性的年龄为 6.6 年。根据生活水域的不同，雄性的寿命大约可以达到 5 ~ 9 年，而雌性的寿命约 10 ~ 16 年。

黑吻真鲨没有对人类攻击的倾向。但是，如果它表现出攻击威胁的时候，我们还是必须要小心为上的。黑吻真鲨被认为是一种供垂钓的鱼，而且它还可以与轻质的钓鱼线来场像样的比赛。它也具有地域商业的价值，可以专门捕获或者作为刺网和延绳钓的副渔获物，在市场上也会有晒干或者腌制的黑吻真鲨鱼肉出售。在 2000 年，美国大约有 86510 公斤（约 55638 条）黑吻真鲨被人们以商业或者娱乐为目的的捕获。1993 年，渔猎这种鲨鱼受到了美国国家海洋渔业服务针对大西洋和墨西哥湾鲨鱼的渔业管理计划的管制。后来为了商业配额和限制捕捞，黑吻真鲨被分类为“小型沿海鲨鱼”。

2. 白边真鲨

白边真鲨又被称为白边鳍白眼鲛，是一种极其大且细长的鲨鱼，主要生活在离岸较远岛屿的暗礁附近。通体呈暗灰色，各鳍末端都镶着白边，它的胸鳍窄而长，第一背鳍略呈圆形，身体最长可以达到 3 米左右，白边真鲨行动敏捷，迅速，它能够在珊瑚礁区来回自由穿梭觅食，并且也从不主动攻击人类，它喜欢吃那些生活在海底部的硬骨鱼，小型软骨鱼，章鱼，幼小的鲨鱼出生的时候只有 65 厘米长。

与其他真鲨相同，白边真鲨是胎生的。在胚胎的发育把卵黄消耗殆尽的时候，空的卵黄囊就会发育成一个连接胎盘的通道以此来接受母体提供的营养。在南半球，交配和受精都主要发生在夏天。在求爱期，雄性鲨鱼就会咬住雌性鲨鱼以方便完成交配；交配后雌性鲨鱼的第一背鳍尖很有可能会被咬掉。雌性鲨鱼一年后就可以产下 1 至 11（一般都是 5 至 6）条幼鲨。新生鲨大概有 63 至 68 厘米长。在野生环境下，所以它们的生长速度差异非常大：据报道说年轻的白边真鲨平均每年能够长 3.8 厘米，但是有的个体却能够以每年 20.8 厘米的速度生长，并且还有的个体只能够呈现负生长。雄性鲨鱼在身长大约 1.6 至 1.8 米的时候性成熟，但是雌性鲨鱼却是在身长 1.6 到 2.0 米的时候性成熟。

白边真鲨主要依靠捕食深海和中海层的鱼类，包括硬骨鱼就比如说石斑鱼，鲐鱼，金枪鱼，玉梭鱼，发光灯笼鱼，飞鱼，隆头鱼和鳎。不过偶尔它们也捕食鹞鲼，小型鲨鱼和章鱼。尽管说白边真鲨是一种大型的鲨鱼，但是它们的行动却是极为敏捷和迅速，能够在珊瑚礁区内来回自由穿梭觅食。上下颚牙齿的不同形状可以使得它们捕食大型猎物，大力的咬住并撕扯。体形较大的白边真鲨则属于行动较为懒散并且多捕食海底生物。白边真鲨还能够游弋在其他正在享受食物的鲨鱼周围并且不时还可以分一杯羹。

白边真鲨对其同类具有侵略性，所以经常带有严重的伤害。这样它们在和相当大小的直翅真鲨和黑边真鲨争夺猎物的时候占据优势。白边真鲨和黑尾真鲨有时还会组成混种部队发动攻击。据观察发现纺缍鰤通过利用和白边真鲨粗糙的表皮发生摩擦来刮掉自身的寄生物。白边真鲨有时在开放海域还会跟随海洋哺乳动物就比如说宽吻海豚，但是它们自身也会被鲭类海鱼跟随。

白边真鲨被发现于红海以及东非、马达加斯加、塞舌尔、阿尔达布拉群岛、毛里求斯、查戈斯群岛、日本、北澳大利亚和法属玻里尼西亚、南下加利福尼亚州、墨西哥、哥伦比亚，甚至包括椰子岛、科隆群岛和雷维利亚希赫多群岛海岸线的暗礁附近深度大约 800 米的水中，并且大多最少是在 30 米以下。但是它们却并不会迁徙。

3. 高翅真鲨

高翅真鲨的体型呈纺锤型，头宽扁。其尾基上下各具一凹洼，其吻短而圆钝。眼睛很圆，其瞬膜发达。其前鼻瓣发达，具有一个宽三角形突出；没有口鼻沟或触须。口裂弧形，闭口的时候上下颌紧合，不会露齿；其上颌齿侧扁，呈三角形，其边缘具有细锯齿，其齿尖略外斜；其下颌齿较窄而用直立，边缘具有锯齿，基底较宽；喷水孔模糊；有两个背鳍，其背鳍间存在着隆脊，第一个背鳍中大，鳍高大于基底长，起点与胸鳍内角相对，后缘深凹，下角尖突；第二个背鳍较小，起点稍后于臀鳍的起点，其后缘斜直，后角尖突；胸鳍大型，呈镰刀形，后缘稍凹，外角钝尖，内角钝圆，鳍端伸达第一个背鳍基底后端；尾鳍宽长，尾椎轴上扬，下叶前部显著三角形突出，中部低平延长，与后部间有一深缺刻，后部小三角形突出，尾端钝尖。其体背侧呈灰色，腹侧呈灰白；除了腹鳍外鳍尖都呈黑色；胸鳍内角也是黑色的。

4. 钝吻真鲨

钝吻真鲨主要栖息在大陆棚、岛屿斜坡或附近开放性海域。它们经常会巡游于珊瑚礁区，也会经常出现在深海底层或位于强洋流附近而较浅的泻湖区。其主要以礁区的鱼类、乌贼、章鱼、螃蟹、龙虾或其他的虾类为食。经常会成群地觅食，其掠捕速度是非常快的。其性情凶猛，对人类有着潜在性的危险。其为胎生，一胎可以产下 1 ~ 6 尾幼鲨，刚出生的幼鲨体长可达到 0.5 ~ 0.6 米。

它们主要分布在印度——太平洋区，西起马达加斯加岛，东至土木土

群岛，北至中国沿海，南至澳洲。台湾西部海域有产。

人们主要用底拖网、流刺网以及延绳钓来对钝吻真鲨进行捕获，其经济价值是很高的。其肉质佳，可以加工成各种肉制品；其鳍可以做鱼翅；皮厚可以加工成为皮革；肝可以加工制成维他命以及油；剩余物可以做成鱼粉。

5. 黑尾真鲨

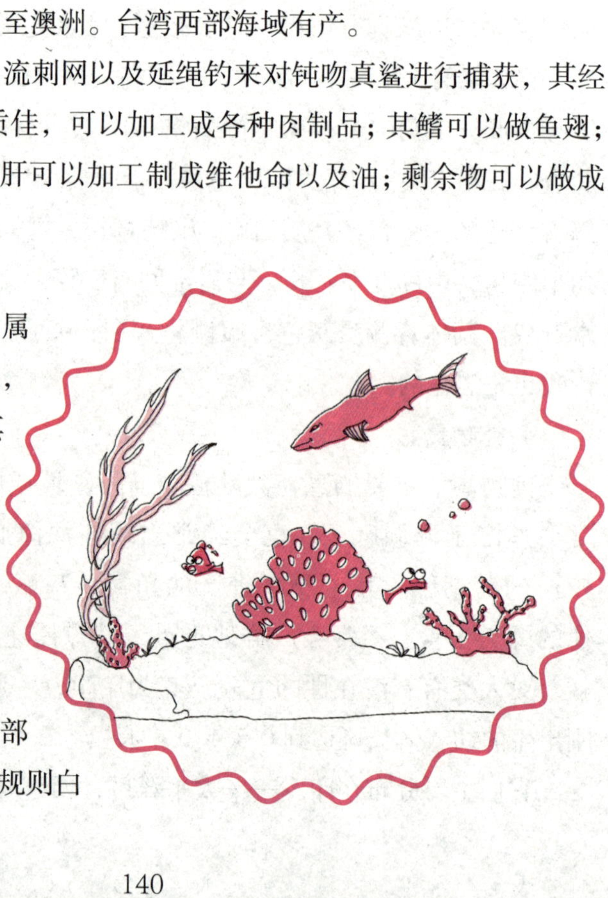

黑尾真鲨体格壮硕，属于中型的鲨鱼，其吻较长，吻端宽而圆。眼睛大，其前鼻瓣呈短三角形，上颌齿短，而且具有锯齿缘。其胸鳍窄如钩状，其背鳍有两枚，第二个背鳍高大，第一个背鳍呈钩状。其体背呈灰色，腹部呈白色，第一个背鳍具不规则白色边缘，尾鳍具有宽黑的边缘，所以人们把它叫作黑尾真鲨。第二背鳍、臀鳍、腹鳍尖端也是黑色的。其脊椎骨有 211 ~ 221 根。

黑尾真鲨主要分布在印度洋东部、西部；太平洋中东部、中西部、西北部。主要分布的国家和地区有：澳大利亚、查戈斯群岛、印度尼西亚、马达加斯加、塔希提、留尼旺、塞舌尔、密克罗尼西亚、土阿莫土群岛、斐济、巴布亚新几内亚、马来西亚和美国夏威夷等。

它主要栖息在 0 ~ 280 米深的热带和亚热带海洋，经常可以在珊瑚环礁以及邻接岩礁栖息地的泻湖附近看到它们，它们经常会成群结队地游于居所的周围。黑尾真鲨属于群居性的鱼类，在白天以群体休养，在夜间就非常活跃。其平时游速约为 0.5 公里 / 小时，看起来好像很缓慢，但是它们敏感的知觉神经，总是在不断地感知周边的环境，当嗅到附近有食物味道的时候，就会立刻加速游动，行动非常迅捷。除此之外，当它们感到猎物在垂死挣扎的时候，它们的攻击性就会变得越发犀利。另外，黑尾真鲨还是地盘性的动物，会与其他的鲨鱼激烈地争夺势力范围，有的时候还会攻击误入其领地的潜水人员。在水中游动的时候，这些鲨鱼会拱着背，让其胸鳍完全指向下方，侧摇着脑袋，就好像是缓慢运动的钟摆。它们主要以少量的头足类（乌贼和章鱼）以及甲壳类动物（虾和龙虾）为食，这些就构成了黑尾真鲨主要的食物来源。其食谱还包括硬骨鱼类像海豚、刺尾

世 界 自 然 保 护

鱼、蝴蝶鱼以及同类幼鲨，它们主要是在夜间进行觅食。

其最大的体长为 2.6 米，重 33.7 公斤。平均体长短于 2 米。雄性长 1.3 ~ 1.5 米，雌性长 1.2 ~ 1.4 米。黑尾真鲨是胎生物种，性成熟期一般在 7 ~ 7.5 岁，胚胎孕育期为 12 个月，雌鲨一次生育后代 1 ~ 6 只，新生幼鲨的体长约 45 ~ 60 厘米，双亲并不提供亲代抚育，而是由它们自己觅食和自我保护。

保护级别：列入《世界自然保护联盟》2012 年濒危物种红色名录——近危物种。

鼬鲨属

鼬鲨

鼬鲨是软骨鱼纲真鲨目真鲨科的其中一种。这种鲨鱼主要分布在全球各大洋亚热带以及温带海域。也叫作虎鲨、居维叶氏鼬鲨。是真鲨科大型有潜在危险的种类，其以贪婪、食腐以及食人著名。鼬鲨广布于暖水海区，从近海到外海都可以看到，其最大的体长大约可以达到 5.5 米。它呈淡灰色，幼鱼具有暗色斑点以及横带块。其尾上叶长而尖；牙大，边缘有锯齿，一侧深凹；属于杂食性，有的时候还会毁坏渔网以及渔获物，其主要以鱼

以及其他的鲨类、海龟、软体动物、海鸟、动物尸体以及船上的垃圾为食，也曾吞食过煤、马口铁罐、骨头、衣物等。具有一定经济价值，是皮革、鱼肝油的原料。

鼬鲨体型呈纺锤型，其躯干非常粗壮；头宽扁；其尾基的上、下方各具有一个凹洼；其吻短而宽圆；眼近于圆形，瞬膜比较发达。前鼻瓣短而呈三角形；其唇沟很长，上唇沟接近眼之前角，几乎达到了下唇沟的两倍长；口裂宽，深弧形，在闭口的时候上下颌会紧合，边缘具有明显的锯齿，齿尖有明显的外斜，外缘有一凹刻，凹刻下方具有 3 ~ 6 个小齿尖，小齿尖之外缘也具明显的锯齿。喷水孔裂缝状，中小型。有两个背鳍，背鳍间存在着明显的隆脊；其尾柄隆脊不高，第一个背鳍宽大，起点与胸鳍内角相对，其后缘凹入，上角钝尖，下角尖突；第二个背鳍小，起点在臀鳍起点之前，后缘凹入，后角尖突；胸鳍呈中大型，镰刀形，后缘凹入，外角钝圆，内角钝圆，鳍端伸达第一个背鳍基底的后端；尾鳍宽而长，尾椎轴上扬，上叶位于近尾端，下叶前部显著的大三角形突出，中部低平延长，与后部间有一深缺刻，后部扁三角形微突出，与上叶分隔处亦具缺刻，尾端尖突。其体背侧为灰褐色或青褐色；腹侧白色。它的体侧和鳍上都具有不规则的褐色斑点，连成许多纵行及横行的条纹。

鼬鲨主要栖息在沿岸、近海，它们经常会出现在河口、港湾堤防外、珊瑚环礁、潟湖区、外洋岛屿外围水域等地方。它们具有在大洋中迁移的习性，但是却不是大洋性的鱼种，它们同时还具有垂直洄游的习性，白天会在深水域进行活动，而夜间则会到水表层或浅水域捕食。其性情凶猛，而且非常贪婪，经常会掠食海洋中的硬骨鱼类、其他鲨鱼、魟等。

鼬鲨广泛地分布在全球各温、热带的水域中。在渔业利用中主要是用流刺网以及延绳钓来捕获，肉质可以加工成各种的肉制品；鳍可以做鱼翅；皮厚可以加工成皮革；肝还可以加工制成维他命以及油；剩余物还可以制成鱼粉。

露齿鲨属

露齿鲨

露齿鲨是与牛鲨一样可以生活在淡水中的鲨鱼，但是要比牛鲨温顺一些，是非常罕见的。以前在印度随时都可以见到它们的踪影，但是因为一些日本捕鱼公司和一些亚洲鱼翅公司的滥杀，从而导致了露齿鲨的大量死亡。到了 2005 年，露齿鲨几乎已经灭绝了，到现在，在印度、澳大利亚都很难见到它们，有科学家怀疑，现在它们可能已经灭绝了。

基齿鲨属

长吻基齿鲨

长吻基齿鲨的身体延长，躯干稍微有些粗大。头长而平扁，其头长约为全长的$\frac{1}{4}$；其尾部侧扁，尾基上下方都有一个凹洼。其吻长，从侧面看好像是等边三角形，前缘钝尖，从侧面看延长尖突。眼比较小，圆形的，上侧位，距离吻端比距第一鳃孔更近一些，眼径约等于第一鳃孔宽的$\frac{1}{2}$，其瞬膜比较发达。其鼻孔比较狭小，外侧位，斜列。距口端比距吻端更近一些；其前鼻瓣具有一个细小的三角形突出，后鼻瓣不分化。口是弧形的，口宽小于口前吻长；其唇褶不怎么发达，只可以在口隅处看得见。其上颌牙侧扁，狭三角形，齿头稍外斜，边缘光滑，其基底具有 1 ~ 4 个个小齿

头，正中间有一个小而尖的直牙，每侧每行都有 15 个牙；其下颌齿比较直而狭，稍微有些弯曲，边缘和基部都很光滑，正中间具有一个小牙，每侧每行有 14 颗牙。喷水孔已经消失了。

大青鲨属

大青鲨

大青鲨主要栖息在大洋上层，偶尔可在沿海水域看到它们，曾经有报道说它们出现在河口区。它们一般都在水表面展开活动，其胸鳍开展，背鳍以及尾鳍上叶都会露出水面，缓慢地游动。其性情凶猛，活动力比较强，对人类具有主动攻击的危险性。它们主要以硬骨鱼类、甲壳类、头足类、海洋哺乳类、海龟、海鸟、大洋性蟹类等为食。

大青鲨主要分布在各温、热带的水域中。

主要是用底拖网、围网、诱笼、流刺网以及延绳等进行捕获，大青鲨具有很大的经济价值。在医学方面，世界医学界对鲨鱼软骨的功效已经有了很多的研究，但是目前，在种类繁多的鲨鱼当中，只有锯峰齿鲛（大青鲨）这一种鲨鱼已经在关节临床上得到了其具有人体软骨再生功效的证实。从 19 世纪 80 年代开始，经由锯峰齿鲛软骨制作而成的鲨鱼软骨粉，已经被

欧美日等发达国家作为了各种关节疾病和肿瘤的替代疗法用品，已经广泛地运用于临床，也获得了大量的对人体具有促进软骨再生、抑制新生血管、消炎镇痛的天然功效的证明。临床还证实，锯峰齿鲛软骨粉纯天然对人体是没有不良作用的。随着医学技术以及其理念的不断创新，发达国家正在进一步减少化学药物的使用比例，开始更加崇尚自然治愈力的疗法。而其中100%纯天然的锯峰齿鲛软骨就是发达国家自然疗法、代替疗法中最突出的代表。它作为代替疗法的重要一环，已经被广泛地应用在了关节临床治疗，造就出了比如百傲鲨株式会社等这样的行业巨人。但是，中国的沿岸线虽然长，但是可以捕捞到的大青鲨（锯峰齿鲛）却是非常少的，中国的鱼翅大部分都是依赖进口的，所以就更谈不上其他的利用和研究了，因此，其开发还有客观的限制，有待进一步的加强。

斜锯牙鲨属

1. 加勒比斜锯牙鲨

加勒比斜锯牙鲨属于真鲨科斜锯牙鲨属，其最大长度为110厘米。主要分布范围为西大西洋，比如：加勒比海地区，其中包括巴哈马，乌拉圭的南部。其生活环境主要是在热带，海洋，淡水等。

它们经常生活在海湾和河口，也常常会进入河流。在水深约500米以内也曾经发现过它们，但是一般情况下还是生活在100米以内的近海水域。其主要以硬骨鱼类，包括海猪鱼，以及海洋蜗牛，鱿鱼和虾等为食。属于

胎生，刚出生的时候其体长约 31 ~ 39 厘米，没有危险性。

2. 大西洋斜锯牙鲨

大西洋斜锯牙鲨它是一种体型较小，大多数为灰色，身体流线型的鲨鱼。其吻尖长；臀鳍后缘笔直或略微下凹。第二个背鳍的起点远远低于臀鳍的起点。其最大长度为 110 厘米，常见的长度为 70.0 厘米；其最大体重为 7250 克；其最大寿命为 10 岁。

它们一般都会栖息在水深 10 ~ 280 米的水域中。另外，在大陆架丰富，从潮间带向更深的水域也会出现，它们也经常会出现在沙滩冲浪区。主要以小的硬骨鱼、虾、蟹，分段蠕虫和软体动物等为食。胎生，刚出生的时候体长约 29 ~ 37 厘米。

斜齿鲨属

1. 宽尾斜齿鲨

宽尾斜齿鲨主要分布在印度——西太平洋区，其中包括索马利亚、坦桑尼亚、莫桑比克、巴基斯坦、印尼、中国大陆及台湾地区、日本及澳洲等，在台湾主要分布于西部以及西南部海域。

主要以诱笼、流刺网以及延绳钓来进行捕获，具有的经济价值不是很多。其肉质可以生炒或是加工成鱼丸以及鱼浆等都可以，还可以制成鱼粉。

三齿鲨属

灰三齿鲨

灰三齿鲨的体形修长，头宽而且扁。其尾基上下方都具有一个凹洼。其吻宽但极短；其眼小，呈圆形，眼眶的后缘具有缺刻，瞬膜比较发达。其前鼻瓣稍长而形成明显的管状；没有口鼻沟或是触须；其唇沟极短，通常只局限于口角的部位。其口裂宽，弧形，在闭口的时候不会露齿；其上下颌齿同型，具有 1 个中央大齿尖，两侧各有 1 个小齿尖之三尖头状，边缘光滑，齿尖直立或外斜，其喷水孔缺如或微小。有两个背鳍，其背鳍间没有隆脊，尾柄没有侧隆背；第一个背鳍中大，起点远在胸鳍后角的后面，其后缘凹入，上角钝尖，下角尖突；第二个背鳍小，起点与臀鳍起点相对，后缘凹入，后角尖突；其胸鳍为中大型，稍呈镰刀形，后缘凹入，外角钝尖，内角钝圆，鳍端伸达不到第一个背鳍基底；其尾鳍宽长，尾椎轴上扬，下叶前部有显著的三角形突出，其中部低平而延长，与后部间有一个深缺刻，后部有小三角形的突出，其尾端尖突。其体背侧呈灰褐色；腹侧白色。背、胸及尾鳍都具有黑褐色的边缘；其腹部以及臀鳍缘都呈淡色，其外角

则呈暗褐色。

它主要栖息在沿岸水域、面海礁区或泻湖区等。白天会成群地栖息在珊瑚礁的洞穴中或是礁台缘，晚上的活动非常的活跃。其迁移的范围不大，一年内大约只在 0 ~ 3 公里活动，属于定栖性的鱼种。其主要以底栖动物为食，其要包括鱼类、章鱼、龙虾或螃蟹等。虽然没有关于它们袭人的报道，但是仍然具有潜在性的危险。属于胎生，一胎可以产下 1 ~ 5 尾幼鲨，刚出生的幼鲨体长可以达到 0.52 ~ 0.6 米。

灰三齿鲨主要分布在印度——太平洋区，西起红海、东非洲，东到加拉巴哥群岛、巴拿马及可可岛，北到日本，南至澳洲，在东沙群岛也有关于其的捕获纪录。

主要用流刺网及延绳钓来进行捕获，具有的经济价值不是很大。其肉质可以生炒或加工成鱼丸以及鱼浆等，也可以制成鱼粉。曾有报道它的肝会引起中毒事件。

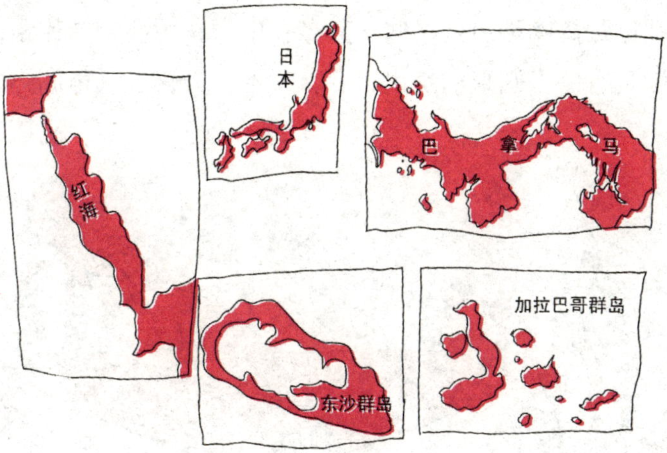

皱唇鲨科

翅鲨属

日本翅鲨

形态特征：日本翅鲨的体型延长侧扁，头平而扁，其头长约为全长的$\frac{1}{5}$。其尾长约与头和躯干等长。其尾基上下方都没有凹洼。吻平扁，中长，背视弧形，前缘圆钝，侧视延长尖突。其眼睛呈椭圆形，具有瞬褶，距离第一个鳃孔比距离吻端更近一些。其鼻孔中大，距离吻端比距口端更远一些。前鼻瓣具有一个圆形的突出，后鼻瓣不会分化。其鼻间隔宽比鼻孔长

约大到 2 倍多，大约等于口宽的$\frac{3}{5}$。其口宽大，呈浅弧形，口宽比口长大了 2 倍之多，比口前吻长稍微小一些，其上下颌唇褶很发达，牙宽扁，呈亚三角形，其上下颌牙同形，前后牙异形。其前面牙两侧各具有 2 ~ 3 个小齿头，其后面的牙齿头斜行，内侧光滑，外侧有 2 ~ 3 个小齿头；上下颌各具有 34 个牙。正中的牙较小，没有齿头型。

星鲨属

星鲨属中包括以下几个物种：

加州星鲨、美星鲨、尖齿星鲨、横带星鲨、褐星鲨、小眼星鲨、新西兰星鲨、巴拿马星鲨、白斑星鲨、南美星鲨、小星鲨、阿拉伯星鲨、星鲨诺氏星鲨、南非星鲨、黑斑星鲨、舒氏星鲨、北美星鲨、惠氏星鲨等。下面具体介绍两种：

1. 前鳍星鲨

前鳍星鲨体细而延长。其头平扁，中长，其头宽比头高为大，头长大约为全长的$\frac{1}{5}$。其尾细长，比头和躯干大约长了 1.2 倍，其尾基的上下方没有凹洼。其吻中长，背视弧形，前缘钝圆，侧视尖突。它的眼睛呈椭圆形，前端圆，后端尖；瞬褶平横外露，外侧有 1 条深沟，距离第一鳃孔比

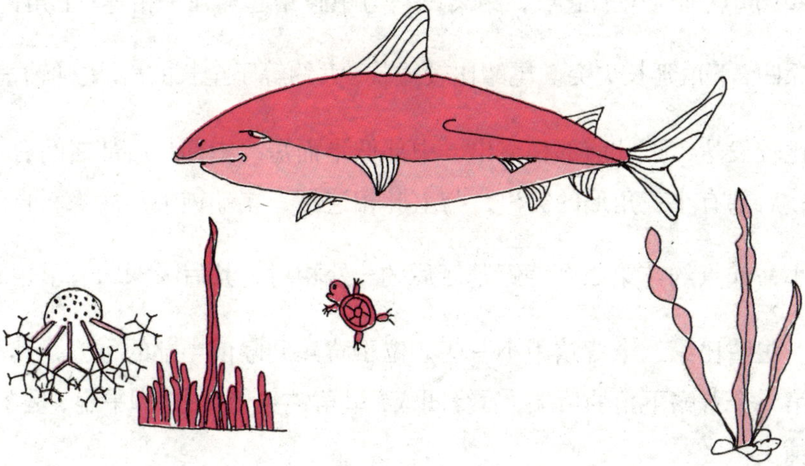

距离吻端更近一些，其眼径比鼻孔大约长 1.5 倍。其鼻孔宽大，距口端比距吻端要近；其鼻间隔中宽，比鼻孔约大 1.5 倍；其前鼻瓣中部具有 1 个舌状的突出，出水孔半露，其后鼻瓣后部没有半环状的薄膜。其口比较小，呈三角形，向两侧斜行，前端钝圆，其口宽比口前吻长稍短一些，几乎与鼻孔外侧之间的距离是相等的，其口长大约等于口宽的$\frac{3}{5}$，其下颌稍短一些，在闭口的时候上颌齿全露，下颌齿只在缝合处露出；上唇褶粗大而长，大约等于上颌长的$\frac{2}{5}$，其下唇褶较细，而且比较短，大约等于下颌长的$\frac{1}{2}$ ~ $\frac{1}{3}$。其齿细小而多，呈铺石状排列，有多行在使用，其上下颁各列成一个齿带，齿平扁圆凸，齿端钝尖，两侧微凹，基缘波曲。

其喷水孔较小，呈横椭圆形，两端尖，位于眼角的下后方。有五个鳃孔，都比较狭小，第三个鳃孔宽比眼径稍微小一些或是等于眼径，中间的 3 个比较宽，最后的 1 个最小，最后的 2 个位于胸鳍基底的上方。盾鳞具有 1 ~ 3 个棘突，3 个纵嵴。有两个背鳍，第一个背鳍比较大，比较前位，距离胸鳍比距离腹鳍要近许多；起点前于胸鳍的里角，几乎与胸鳍里缘的中部相对，距离吻端明显要比距离第二个背鳍要近许多；其上角钝尖，后缘凹人，下角有延长的尖突，没有伸达腹鳍起点上方。第二个背鳍稍微小一些；起点前于臀鳍起点，距离尾基与距腹鳍起点几乎相等；上角钝尖，后缘深凹，下角延长尖突。尾鳍比较短狭，大约等于全长的$\frac{1}{5}$；尾椎轴稍翘，上叶比较发达，下叶前部稍突出，中部低平而短，中部与后部之间有一个缺刻，后部有小三角形的突出，与上叶相连接，尾端钝尖，后缘斜直。其臀鳍小，起点约与第二个背鳍基底后的$\frac{1}{3}$处相对，其后缘深凹，里角延长尖突。腹鳍比第二个背鳍稍小一些，位于背鳍间隔前半部的下方，其起点后于第一个背鳍下角的后端，后缘凹入，里角钝尖稍突；鳍脚平扁，呈条状，后端钝尖。

其胸鳍中大，外角钝尖，其后缘凹入，里角钝圆，揿平时鳍端伸达第一个背鳍基底的中部下方。背侧面呈灰褐色，腹面呈白色；各鳍呈紫褐色，后缘较浅淡；背鳍上端暗褐色。身体上没有白色的斑点。

前鳍星鲨经常生活在近岸至少51米处，也会在砂质底部的半封闭的海洋区域中居住。很可能是吃底栖的没有脊椎动物，特别是甲壳动物。它们是胎生的，具有一个卵黄囊胎盘。

2. 星鲨

星鲨属于软骨鱼纲，皱唇鲨科。其体型延长，一般长在1米以内。身体呈灰褐色，具有白斑，眼睛具有瞬膜；其喷水孔较小；牙细小而多，呈铺石状排列。经常栖息在近海的地方，经贝壳和甲壳类为食，属于卵胎生。在中国主要产于东海和黄海，可以供食用，其肉质鲜嫩。近缘种为灰星鲨，没有白斑，属胎生，体内受精体内发育，主要分布在南海、东海和黄海，另外在日本和朝鲜也有分布。

皱唇鲨属

皱唇属中包括尖鳍皱唇鲨、大鳍皱唇鲨、半带皱唇鲨等物种，下面我们具体了解其中的一种：

斑点皱唇鲨

形态特征：其体型细而延长，头宽而扁，头宽比头高要大得多，头长约为全长的$\frac{1}{6}$。尾比较细长，比头和躯干要长约 1.3 倍。其尾基上下方没有凹洼，吻较短，背视弧形，前缘圆钝，侧视尖突。其眼睛狭长，两端尖，上侧位。眼褶平横外露，外侧有一条浅沟，距离第一鳃孔比距离吻端稍微近一些。其鼻孔很宽大，从头侧几乎可以伸到口前中部，距离口端比距离吻端要近许多，鼻间隔很窄，前鼻瓣中部具有一个细尖的突起。口呈三角形，两侧斜行，前端钝圆。唇褶较为短小，经常可以在口隅近处看到。其牙细小，密列，五齿头型，多行同时在使用，每侧约有 30 个纵行。

喷水孔中大，呈卵圆形，其鳃孔小型。有两个背鳍，第一个背鳍位于腹腔后部的上方，起点距离吻端比距第二个背鳍稍微近一些。第二个背鳍几乎与第一个背鳍同形同大，起点稍后于臀鳍起点。尾鳍狭小，等于全长的$\frac{1}{5}$左右。尾椎轴不上翘，上叶比较发达，下叶前部广圆形微突，与中部相连接。其臀鳍比较低小，外角平圆，其腹鳍比背鳍稍微小一些。其胸鳍

比背鳍稍大，身体呈浅褐色，隐约具有暗色横纹 10 多条，条纹上有一些不规则的黑色斑点。除了臀鳍以外，各鳍也具有黑色的斑点，第一个背鳍上端呈黑色，腹面呈白色。

双髻鲨科

双髻鲨属

双髻鲨属是脊索动物门、脊椎动物亚门、软骨鱼纲、真鲨目、双髻鲨科的 1 个属。

约有 10 种，中国有 5 种。主要分布在热带、亚热带和温带各海区。其化石见于白垩纪至上新世。

双髻鲨属外形奇特，头前部向两侧突出，形状好像是铁锤。眼睛呈圆形，瞬膜发达，位于头侧突出的两端，其喷水孔已经消失了。其鼻孔端位，或近于眼或近于吻端中间。口宽大，呈弧形，唇褶不发达或者只见于口隅。其鳃孔中大，最后两个位于胸鳍的基底上方。有两个背鳍，没有硬棘，第一个背鳍大，位于体腔前半部的上方；第二个背鳍小，起点前于或后于或与臀鳍起点相对。其尾椎轴上翘，尾基上、下方各具 1 个凹洼。尾鳍下叶前部有显著的三角形的突出。其胸鳍大或中大，属于卵胎生或胎生。

它们经常居住在深处，有的时候还会成群上升。性情凶悍，主要捕食鱼类、头足类和甲壳类等，也曾经有过袭击人类的记载。

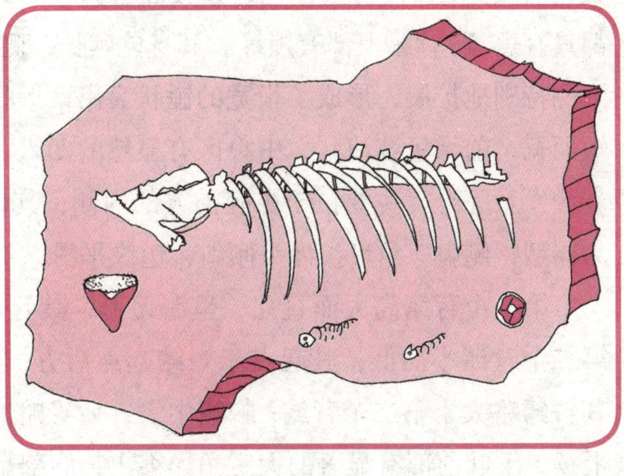

锤头双髻鲨。其吻端中间圆突，头侧突出宽大，其前缘较为波曲。路氏双髻鲨一般的体长 1 米左右，重约 5 千克，大的长可以达到 4 米，重达 50 千克。吻端中央凹入，里鼻沟非常的显著。沿岸的各海都有

产，数量也比较多。无沟双髻鲨的里鼻沟消失，只留下了痕迹。丁字双髻鲨的头特别宽，呈“丁”字形，鼻孔距离吻端中间比距离眼更近一些，只在南海可以看到，是比较罕见的。

常见的种类有：长吻双髻鲨、白鳍双髻鲨、短吻双髻鲨、小眼双髻鲨等。下面介绍几个：

1. 丁字双髻鲨

生活环境：适合生活在底中水层；非产卵性的溯降河的半咸淡水中；海洋气候；热带；31°N ~ 20°S，47°E ~ 154°E。

主要分布：印度——西太平洋的波斯湾到菲律宾，北至中国，南至澳洲。

2. 红肉丫髻鲛

红肉丫髻鲛鱼体粗壮而且延长，其特征是头部平而扁，两侧扩展，形成了很宽的鎚状突出，看起来好像丫髻。其吻部短而宽；眼小，呈圆形，瞬膜比较发达；其体背呈棕色，其腹部呈白色。胸鳍以及尾鳍上、下叶尖端都具有黑斑；背鳍上部有黑缘。其身体延长，侧扁而粗壮。其头前部平扁，两侧特别地扩展，形成了很宽的锤状突出，形状似广阔的丫髻状。其吻部短而宽，前缘呈波浪状，中央区有显然的凹入。其眼睛很小，呈圆形。前鼻沟发育完全，主要位于鼻孔前方的内侧，其口裂大，呈弧形；上下颌齿为同型，侧扁三角形，齿头倾斜，边缘平滑，不具有小齿尖。

第一个背鳍高大而直立，呈镰刀形，其起点在胸鳍基部中部的上方；第二个背鳍小而低，其起点于臀鳍起点后方；腹鳍的后缘平直或稍凹入；其臀鳍略大于第二个背鳍；胸鳍中大，后缘略凹入；其尾鳍宽长，尾椎轴上扬，下叶前部有显著的大三角形突出，腹部呈白色。其胸鳍、尾鳍下叶

前部、尾鳍上部尖端具有黑斑；背鳍上部具有黑缘。

它主要栖息于沿岸到外洋性之中表层鱼类，也经常会出现在大陆棚或岛棚较深的水域，偶尔也会在内湾或河口区内看到。幼鲨经常会成一大群活动，成鲨却独游或成对地巡行。属于胎生，每胎有 15 ~ 31 尾幼鲨。属肉食性，以其他软、硬骨鱼类以及头足类、甲壳类等底栖生物为食。具有攻击性，对人类也具有潜在性危险。

它们广泛分布在世界三大洋的温、热带水域。

3. 无沟双髻鲨

无沟双髻鲨，是最大的双髻鲨，其体长可以达到 6.1 米。曾经在世界各地的热带和暖温带水域发现过它们，而且还发现它们居住在沿岸地区和大陆架。虽然其体形庞大，而且还可以对人体造成损害，但是一般情况下，这种鲨鱼会非常的害羞，很少会具有攻击性。后来因为过度的捕捞，无沟双髻鲨的数量在世界上的许多地区都在不断地下降。

无沟双髻鲨最早是被德国的一个自然学家在 1837 年被命名为 Zygaena mokarran。后来，他又把它的有效名字改为了无沟双髻鲨。无沟双髻鲨的活动范围，是从北纬 40° 到南纬 37°，在大西洋的北卡罗来纳州到乌拉圭，

墨西哥湾和加勒比海，从摩洛哥到塞内加尔，其中包括地中海都发现了它们的足迹。在印度洋和太平洋的琉球群岛新喀里多尼亚和法属波利尼西亚附近的海域也发现了它们的踪影。在东太平洋，它们被发现在加利福尼亚州南部和秘鲁海域。到现在还不能确定它们是不是也生存在冈比亚、几内亚、毛里塔尼亚、塞拉利昂和西撒哈拉附近海域。无沟双髻鲨一般情况下都会被发现于近岸海洋水域以及近海深度 80 米，包括大陆架和岛屿梯田中。它们经常会喜欢畅游在大陆和岛屿的珊瑚中，属于迁徙性的鱼类。到了夏天，它们就会游到温带的海域进行避暑；到了冬天，它们会游到热带海域越冬。

无沟双髻鲨有一个与众不同的特征，就是其流线型的身躯与突起的头部。它们主要通过其较为平整的“锤头”（相对于其他双髻鲨的拱形）以及显眼的外侧凹口，成年的无沟双髻鲨可以区别于其他的大型双髻鲨，比如路氏双髻鲨和锤头双髻鲨，在一般情况下，锤头的宽度是体长的 23% ~ 27%。他们的牙齿是三角形的，并呈锯齿状，在越靠近嘴角的地方倾斜度越大。第一个背鳍非常高，并呈显著的镰刀状，而第二个背鳍虽然小得多，但是却也很高，而且其边缘呈凹形。臀鳍呈钩状边缘凹陷，这与路氏双髻鲨边缘平整的臀鳍是不同的。

无沟双髻鲨的背部呈深棕色、浅灰色、橄榄油色，其腹部为白色。与成年的鲨鱼相比，未成年的鲨鱼的第二个背鳍尖端比较黑。无沟双髻鲨平均 3.5 米长，其体重超过了 230 公斤。也有一小部分的鲨鱼，可能全部或大部分是雌性，会比较大，最长的纪录为 6.1 米。2006 年 5 月 23 日，人们在佛罗里达州的波卡格兰德捕获了一条孕妇双髻鲨，它全长约 4.42

米，重达580公斤，头部的横跨就有91厘米长。但是在它肚子里的55个鲨卵中有52个已经接近成型了，还有几天就要出生了。在2010年4月15日，澳大利亚东海岸的一群渔民在新南威尔士捕获了一只无沟双髻鲨，这只鲨鱼在被渔民拖至海岸以前就已经死亡了，它长5.18米，重1.2吨。

无沟双髻鲨是站在食物链顶端的一个孤独的掠食者，在年幼的时候，它们会被一些大鲨鱼比如公牛鲨捕食，但是到了成年以后就没有主要的天敌了。但是它们被若干种桡足类寄生，其中包括弧菌，线虫等。据报道，其他的礁鲨一般都会避开无沟双髻鲨。有专家预期，这一物种的寿命约有20～30年;其雌性的寿命大约40～50岁。无沟的猎物从脊椎动物，比如蟹，鱿鱼，章鱼和龙虾，到硬骨鱼类，比如石斑，海鲇，石鲈，比目鱼和小型鲨鱼，据说，它们还会捕食同类。

但是，它们最喜爱的猎物还是魟和鳐，特别是刺魟（俗称黄貂鱼，又叫魔鬼鱼）。经常会在鲨鱼的口中发现刺魟的刺，但是这好像并不会影响到鲨鱼，曾经有一个鲨鱼标本的嘴里甚至有过96根刺魟的毒刺。无沟双髻鲨主要是在清晨或黄昏进行狩猎的，它们经常会摆动着自己的头部，在海中巡视一番，然后通过壶腹的洛伦兹力感应那些藏在沙中的魔鬼鱼所发出来的微弱电信号。它们的头部也可能会对于它们的机动性有帮助，从而使它们可以迅速地转弯，一旦发现了食物，就会及时地对其进行攻击。人们曾经观察过一次无沟双髻鲨对美洲魟的袭击，却发现了其锤头的另一种功能：鲨鱼先以巨大的力量把魟撞击到海底，然后再用它们扁平的头部按住魟，然后以其头部为枢轴旋转着，在魟的光盘状胸鳍的每一侧都用力地咬上一口。鲨鱼头部的剧烈摆动会带动嘴部的撕扯，这就可以使魟根本没有还手之力。人们还曾经看到过无沟双髻鲨攻击一条白点鹰鲼，在开阔水域对它的一个胸鳍狠咬了一口，等到它因失血过多而没有办法动弹的时候，再折返回来用头部把它按到海底，旋转着撕咬纳氏鹞鲼。这些观察记录都表明，无沟双髻鲨会试图通过第一咬使猎物不能动弹，这一战略与大白鲨是非常相似的，而且它的头部形状也是非常适合对猎物进行处理的。

与其他的双髻鲨一样，无沟双髻鲨是胎生的，长有卵黄囊胎盘，与大多数其他鲨鱼在海底交配不同的是，无沟双髻鲨习惯在水面附近进行交配。无沟双髻鲨的雌性每两年会生产一次，在北半球，长达 11 个月的怀孕期过后，孩子将会在晚春或夏季屈生。幼崽的数量从 6 ~ 55 不等，但是一般情况下都是 20 ~ 40 只。幼鲨在出生的时候有 50 ~ 70 厘米；在澳大利亚，成熟的雄性鲨鱼有 2.25 米长，51 公斤重，雌性为 2.1 米，41 公斤重。年轻的鲨鱼与成年的鲨鱼不同在，有一个比较圆润的头部。

威胁性及物种现状：因为无沟双髻鲨有庞大的体型，所以它们被视为对人类有潜在危险。国际鲨鱼攻击档案中列出了双髻鲨的 21 起无端攻击，共到 2 人死亡。但是，很少有攻击会被归咎于无沟，这很可能是因为难以准确地区分双髻鲨的种类。

当在水下遇到它们的时候，它们一般情况下会很害羞，除非有诱饵，它们有时候会靠近潜水员，但是通常会很快地离开。虽然这样，人们在面对它的时候还是要小心谨慎的。在热带地区，无沟双髻鲨经常会陷入商业和娱乐性的捕捞活动。虽然它们的肉类消耗是很少的，但作为鱼翅汤的鱼鳍价值是很高的。除此之外，它们的皮肤还可

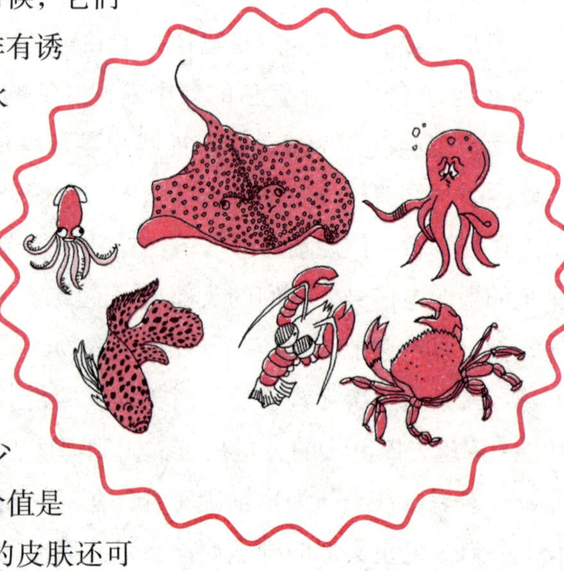

以被加工成皮革，其鱼肝油可以用于制作维生素，它们的尸体被当作鱼粉。另外，一些没有意间的捕捞也导致了其非常高的死亡率。由于过度捕捞，没有沟双髻鲨的种群极易受到侵害。它被列为全球濒危的 IUCN 红色名录，而且还被作为东部大西洋沿岸的非洲极度濒危的物种。在西南印度洋，其渔获率下降了 73%，但是目前还不能确定这些数字是不是代表了种群局部或广泛的枯竭。

4. 窄头双髻鲨

窄头双髻鲨的全长为 1.1 米，其鼻孔距离眼睛比距离吻端中间要近，吻端中间圆凸。头侧突出短圆，前缘呈圆形。主要分布在西大西洋的亚热带和热带水域中，它们冬季向南方迁移或进入到近岸较深的水域。通常情况下会结成 5 ~ 10 只的群体，有的时候也会结为成百上千只的大群，它们的习性鲜为人知，它们主要捕食蟹这种甲壳类的动物，也会吃虾、软体动物和小鱼。经常会在它们的胃中发现海草，雌性的胃容量大于雄性的胃容量，可能是因为繁殖的时候是需要很多能量的，所以它们为了繁殖就必须要储备能量。

窄头双髻鲨一天都要不停地游动才可以活下去，而且在游动的时候必须要张着鳃呼吸，如果它不游动的话就会下沉。窄头双髻鲨一胎可以有

8～12只，主要在夏末秋初产崽，初生的幼鲨有30～32厘米长，等长到75厘米的时候就会达到性成熟。这种小型的鲨鱼其雌性被认为会与多个雄性进行交配，来贮存它们的精子以备后用，但是令人吃惊的是，在1胎中大多数的小鲨鱼都拥有同一个父亲。也就是说，雌鲨鱼要么只与一个雄性交配，要么虽然与多个雄性交配了，但只有一个雄性的精子打败了其他的对手。关于它们只有一次袭击人类的报道，所以一般情况下认为窄头双髻鲨对人类是没有危害的。

它们的肉灰暗，味道不好，而且很容易失鲜，再加上个头小，所以经济价值不大。科学家曾经对窄头双髻鲨进行过充分的研究，但是对于这种名为窄头双髻鲨鱼的交配机制却仍然知道的很少。这种头部为锤头状的鲨鱼一般情况下都生活在西大西洋的亚热带和热带水域中。曾经美国佛罗里达Nova东南大学盖伊·哈维研究所的保护遗传学家Mahmood Shivj以及和他的同事对窄头双髻鲨的父子关系进行了调查。因为窄头双髻鲨是一种高度社会化的动物，而且雌鲨可以储存雄鲨的精子，所以研究人员希望可以证明每胎小鲨鱼都有若干个父亲；性关系比较混乱是其他脊椎动物的一个特点。于是研究人员在佛罗里达海湾沿岸捕捉了22胎窄头双髻鲨，而且还对它们体内的父系DNA进行了鉴定，令人意想不到的是，在这些窄头双髻鲨中，几乎有80%的幼鲨都是同一个父亲的孩子。这就说明，大部分的鲨鱼母亲都是只与同一条雄鲨进行交配的，或者是它们还有其他的伴侣，但是只有其中的一条雄鲨的精子在这场比赛中脱颖而出。那些研究人员说，这种在遗传上的一夫一妻制确实是令人意想不到的。那么鲨鱼到是不是真的可以有稳定的伴侣关系，或者是它们会不会照顾自己的后代呢？不管是什么原因造就了这种遗传学上的一夫一妻的关系，其实，这种关系并不是只出现在水中。在同一个水域繁殖的另两种鲨鱼——柠檬鲨和护士鲨，它们的幼鲨都有若干个父亲。有科学家强调指出，研究这些作为捕捞对象的鲨鱼种群的交配机制是非常重要的，这主要是因为如果它们是一夫一妻制的话，一旦过度捕捞就会对这种一夫一妻制的鲨鱼种群造成非常严重的打击，而且还会对这些种群的遗传多样性造成一定的影响。其中博尔德科罗拉多大学的进化生物学家 Andrew Martins 表示，这是一种对于我们知道得不多的动物进行的“令人敬畏的研究”，但是这些研究成果对于鲨鱼的保护来说，其意义并不是非常的明显。那么什么才是这个问题的关键呢？他表示，其实，这个问题的关键是繁殖种群的总体数量，以及可以成功繁殖的雄鲨和雌鲨的实际数量，这些都比鲨鱼的交配机制本身要重要得多，因为即使是在一个混乱交配的种群中，事实上可能也只有少数的个体可以繁殖出大量的后代。

5. 丫髻鲛

丫髻鲛是主要栖息于沿岸到外洋大陆棚或岛屿棚的大型鲨鱼。到夏季的时候，就聚集成大群洄游到北方的水域。属于胎生，每胎 29 ~ 37 尾幼鲨，刚出生之幼鲨体长可以达到 0.5 ~ 0.6 米。属于肉食性，以其他软、硬骨鱼类及头足类、甲壳类等底栖生物为食。具有攻击性，对人类具有潜在性的危险。

它们广泛分布在世界温、热带的水域。

其他科

猫鲨科

猫鲨科的头形稍尖，眼睛没有瞬膜；没有口鼻沟；有五对鳃裂，两个背鳍，没有棘，第 1 个背鳍位于腹鳍的上方或后方，第 2 个背鳍经常位于臀鳍的后面。椎骨内的石灰质片，围绕着椎体成放射状。猫鲨科鱼类的体长一般很少会超过 0.8 米，属于中小型的鲨鱼。它们的身体多半是呈延长的圆柱形的，其眼睛却有着横向的纺锤形、卵圆形或裂缝状，长度与高度比约 1.5：1，其眼睑上部已经演化为了瞬褶，在高速前进的时候还可以保护眼睛。鼻孔没有与口相连，前鼻瓣的形状比较多，但是除了长须猫鲛属以外，很少会呈现须状。

中国仅猫鲨科现在的记载就有 8 属 20 多种，主要分布东海南部和南海，大多都是小型的底层鲨类。其中以阴影绒毛鲨和可供药用的梅花鲨比较常见，阴影绒毛鲨的下唇褶退化消失，其体具有暗色的横纹和斑点，胃可以吸气鼓胀；梅花鲨身体上具有黑色的圆斑，好像是梅花状排列。这个科有些种、属经常分布在

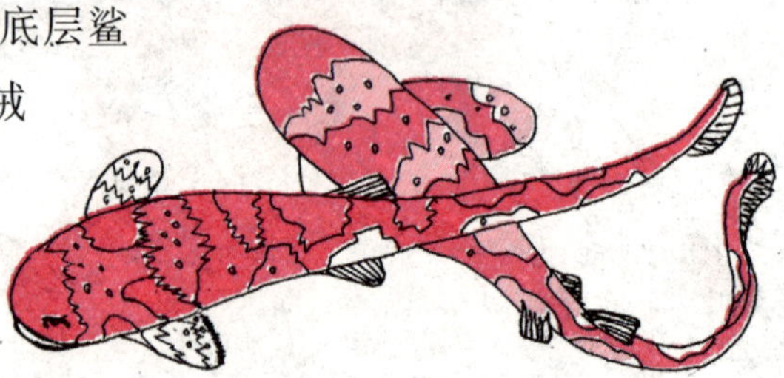

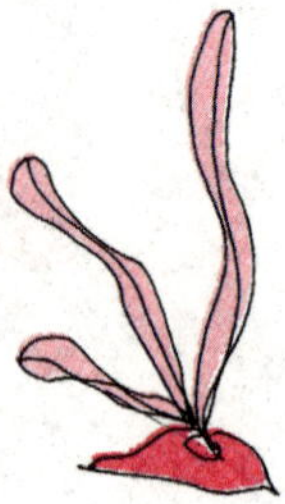

较深的海区，比如，猫鲨属、梅花鲨属、锯尾鲨属、台湾鲨属、绒毛鲨属、斑鲨属和尖尾鲨属等。这些鲨鱼除了绒毛鲨体长 1 米以外，大多数都是小型的鲨鱼，主要以小鱼与无脊椎动物为食。一般可以供食用，但是产量并不大，主要分布在南海，有些也会来自于东海，黄、渤海只有绒毛鲨一种，其他的还有比如，虎纹猫鲨、斑点猫鲨等。

锯鲨科

六鳃锯鲨属

六鳃锯鲨

因为六鳃锯鲨内嵌牙齿的锯形嘴（称为吻）的独特性，所以这些锯鲨成为了最与众不同的鲨鱼之一。这一个奇特的进化非常的有效，这些鲨鱼经常会用它在沙质或泥质的海底寻找食物，然后用它们的锯形嘴猛击猎物，从而把猎物打晕。六鳃锯鲨是仅有的一种从乐鱵分离出来，而且具有六个鳃的鲨鱼，而不是一般的五鳃或七鳃。有些种类的锯鲨的食用价值是非常高的，特别是在日本。

六鳃锯鲨属 170 厘米。主要分布在南部非洲东南部海岸以外的西印度洋。其他的锯鲨品种在西大西洋和西太平洋都有发现。其主要以硬骨鱼、小虾、鱿鱼为食。繁殖方式为卵胎生。

锯鲨属

1. 长吻锯鲨

长吻锯鲨经常会出没于夜晚；其主要出没地点为澳大利亚海岸的周围温带海域及大陆架底部深到 300 米处。

体型约 1.3 ~ 1.5 米；个别的长吻锯鲨并没有又长又细的触须。而且长吻锯鲨很胆小，白天经常会静止不动，只在夜间捕食，其主要以小鱼，甲壳类动物和深海无脊椎动物为食，它们主要是用那两条长长的触须来搜寻食物，这是十分罕见的，而且很难观察到，如果它们觉得自己被打扰了，其像剑的嘴就很有可能会伤人的。

2. 日本锯鲨

日本锯鲨属于中型的海产鱼类。其体长一般情况下为 700 毫米，体重为 1000 克左右，最大个体的体长可以达到 1 米多。前部稍微宽扁一些，后部稍侧扁。头的背面宽扁，腹面平坦，尾部细长。其吻平扁，很延长，突出呈剑状，边缘具有锯齿；在吻的腹面具有一对皮须；眼大上侧位，具有一个低平瞬褶，不能上闭。口宽大，浅弧形，上唇褶已经消失了，其下唇的褶稍微发达一些。其牙齿比较小，而且较为平扁，基部很宽，齿头细尖。其喷水孔接近三角形，位于眼睛的后方。有五个鳃裂，中大，下部转入腹面，最后一个正好位于胸鳍的基底前部。第一个背鳍位于体腔的后部上方，起点后于胸鳍里角的上方；第二个背鳍比第一个背鳍稍小一些，但是形状相同；其尾鳍狭长。腹鳍比第二个背鳍小；胸鳍宽大；尾柄下侧具有一个皮褶。腹面呈白色，各鳍后缘呈浅色；吻上具有暗色两条纵纹。

日本锯鲨在中国主要分布在东海、黄海；国外主要分布在澳大利亚、日本、朝鲜等海区。其主要生活在冷温性近海的底层。其性情凶猛，常闸带锯齿的长吻来猎取食物，主要以鱼、虾、软体动物为食。其肉味鲜美、带锯齿的长吻可以制作工艺品，是收藏家的重要收藏对象之一。

日本锯鲨，属于动物界。日本锯鲨是热带和温带底的栖鱼类，从沿岸浅海到 915 米的水深处都有分布，在中国的沿海也偶尔可以看到它们。它们的外形特征可以说是一目了然的：吻延长，突出呈剑状，边缘具锯齿，好像是一把伐木锯。在吻的腹面上还有一对长长的皮须。别看锯鲨的“锯”是角质的，但是它没有真正的锯那样坚硬，但是对付一般的鱼群来说却是绰绰有余的。据报道，锯鲨经常用它带“锯”的长嘴追赶、捕杀鱼群，它们总是横冲直撞，又拉又刺的，就连大个头的虎鲸等凶猛动物也要让它三分。

扁鲨科

云纹琵琶鲛

云纹琵琶鲛又名星云扁鲨。其主要特征为体型纵扁，喷水孔位于眼的后方，其体色呈棕绿或红棕，其体背侧散布着白圆点。胸鳍大，有两个背鳍，形状以及大小都是相似的；没有臀鳍，其尾鳍呈三角形。

云纹琵琶鲛的习性：主要栖息在大陆棚的近底层，属于分布纬度较高的一个种类，属于肉食性，在目前对它的研究还是比较少的，所以对它们的生态了解得不多。

其主要分布在日本南部到南海海域，其包括台湾北部的海域。

角鲨科

角鲨科是角鲨目下的一个科，其体长在 1 米以上。有五个鳃孔，其吻短或中长，眼侧位。鼻孔距离口比较远。有两个背鳍，各具有 1 个硬棘；其胸鳍位于最后一个鳃孔的后面。其牙单齿头或多齿头型。它们的化石见于白垩纪至近代，有 10 多个属，约 71 种，在中国现有 8 个属 4 种，经常见的有白斑角鲨、长吻角鲨、短吻角鲨。角鲨主要栖息在沿岸的区域，主要以小型鱼类为食，也会吃一些软体动物、甲壳类及环节动物和水母等。属于卵胎生，其卵大、卵黄管粗短，不与母体的子宫壁相连。其肉质鲜美，而且产量大，主要是供鲜食，其肝脏含油量比较高，较大个体的鳍可以制成鱼翅。

卷盔鲨属

1. 卷盔鲨

卷盔鲨也叫作卷角鲨，是角鲨科下的一种鲨鱼。它们主要分布在北纬35° 到南纬35° 的水深200 ~ 600米的海域内。它们可以长达1.2米，卷盔鲨是重型的鲨鱼，其吻圆而钝，外皮上有小齿突起，身体上没有斑点，第一个背鳍的位置比胸鳍要靠后一些。它们经常出没于上大陆棚以及岛基台，主要以硬骨鱼以及鱿鱼为食物。卷盔鲨的背部呈灰色或褐色，腹部颜色比较浅，鳍上有白边；其幼鲨则呈褐色。卷盔鲨是卵胎生的，每胎大约有21 ~ 22头幼鲨。

2. 长须棘鲛

长须棘鲛也叫长须卷盔鲨或须棘鲛，是棘鲛科下的一种鲨鱼。它们主要分布在西太平洋，从日本的本州到澳大利亚的新南威尔士、新西兰以及瓦努阿图的托雷斯群岛，生活在大陆棚以及岛基台。它们最长可以达到1.25米，长须棘鲛的特征是它们有巨大的触手。它们主要以海底的鱼类以及一些无脊椎动物为食物。它们是卵胎生的，每胎大约有10头幼鲨。虽然并

没有与长须棘鲛有关的商业渔业，但是它们肝脏中的角鲨烯还是很丰富的。

刺鲨科

刺鲨科广泛分布在世界三大洋之温带到热带各区海域。其体型修长，不明显平扁；头锥形或平扁；喷水孔大型，位于眼之后上方。眼睛呈椭圆形。其鼻孔彼此远隔，其间距通常要大于鼻孔的宽度；前鼻瓣有一个小三角形的突出。上下颌齿形状并不相同，下颌齿比较大型，上颌齿尖，下颌齿宽扁，齿头外斜，侧缘重叠或没有。都具有沟槽的硬棘；臀鳍已经消失了；胸鳍宽大或钝圆；尾鳍前不具有凹槽；尾柄不具有侧隆脊。刺鲨科约有 2 个属 14 个物种，其中包括尖鳍鲛属 10 种以及篦吻棘鲛属 4 种。

刺鲨科属于深海底栖中的小型鲨鱼，其栖息深度可以达到 3940 米以上，一般被捕获的深度大约在 100 ~ 400 米。其肝脏比较大，富含鲨烯，是主要提炼鱼肝油的鱼种之一。属于卵胎生。

灯笼棘鲛科

灯笼棘鲛科广泛分布在太平洋、印度洋及部分大西洋之温带到热带海域。其体型延长。眼睛比较大，呈椭圆形，没有瞬膜；喷水孔中大。有两个背鳍，各具有一个硬棘，硬棘具侧沟。其尾鳍上叶发达，下叶后部近尾端具有一缺刻。身体通常存在着发光器。全世界大约有五个属，其中包括短棘鲛属 1 种、刺狗鲛属 7 种、灯笼棘鲛属 31 种以上、细狗鲛属 1 种及尖颌棘鲛属 1 种，约 41 种以上。

它们主要栖息在大陆或岛屿斜坡的深海底，栖息深度可以达到 2000

米以上，一般被捕获的深度大约在 100 ~ 800 米附近。属于卵胎生的小型鲨鱼；其最大体长一般情况下还不到 90 厘米，主要以枪乌贼以及小型的硬骨鱼类为食。

黑棘鲛科

1. 铠鲨

铠鲨又叫作黑鲛。其吻短，宽圆锥形；唇厚有褶纹。上下颌齿有异形，上颌齿细窄，呈钩状；下颌齿大，宽叶状，齿冠三角形，具有细锯齿缘。两个背鳍都没有棘。第二个背鳍稍大于第一个背鳍。其胸鳍短，后缘广圆；尾鳍下时缺刻发达；盾鳞低平，单棘突；其身体呈灰黑或黑褐。

2. 阿里拟角鲨

阿里拟角鲨体型体细长，呈正纺锤形，稍有侧扁，尾鳍短，帚形；吻长而尖；口前吻长约等于口裂到胸鳍起点之距离；其头长，约是全长的$\frac{1}{3}$；其眼睛大，侧位；眼径为眼前吻长的一半；其鼻孔大，稍大于鼻孔的间距，距离吻端比距离眼前缘要近一些，其前鼻瓣具有一个尖突；口裂平横，上颚唇缘有两个乳突；其口角的唇厚而肉质；口角沟斜向后延伸；口宽小于吻长；其喷水孔大，呈半月形，位于眼上缘后方，距离眼与眼径的距离相等；鳃裂狭小，位于胸鳍起点的前方；其上下颚齿不同形，侧扁，边缘光滑；上颚齿细长而尖，正中齿直立，两侧齿各 11 枚，尖端稍微斜向口角；有一行在使用；其下颚齿较大，每侧有十个牙齿，齿头外斜，有一行在使用；其盾鳞小而平扁，顶部截形，排列稀疏，大小不一。有两个背鳍，第一个背鳍短小，其高为鳍基底长的$\frac{1}{2}$，上角广圆，后角尖突，棘甚短，顶端稍露出；第二个背鳍低而长，没有棘；其基底长约为第一个背鳍基底长的两倍；后角尖突，末端位于第二个背鳍基末端到尾鳍上叶起点的中央；尾鳍宽短，呈帚形，尾椎轴低平，上叶稍大于下叶，后缘截形，下叶后缘稍入，尾柄腹面平，横剖面五角形；腹鳍短而低，外角圆，后角尖；胸鳍宽大，

外角圆，内角钝圆，后缘截形。体背呈暗褐色，第一个背鳍前部褐色，后部为白色；第二个背鳍上缘呈白色；胸鳍的基底为黑色，外缘有一个黑斑，其他的部分为白色；腹鳍外缘为白色，基底呈黑色；尾鳍基底呈褐色，后缘为白色。尾椎轴的末端有黑色的尖突。

它属于小型的深水鲨，其腹部密布着发光器官，但是体侧则稀少。可能是现生鲨类中最小的一类，最大体长约有 0.25 米，雄鲨成熟体长约 0.15 ~ 0.22 米，雌鲨成熟体长约 0.17 ~ 0.25 米。

阿里拟角鲨主要分布在印度与西太平洋区，从日本至澳洲海域。是一种罕见的鱼种。

鲸鲨科

鲸鲨科是鼠鲨目的一科，其身体庞大，长可以达到 20 米，其性情温和。鼻孔位于上唇的两侧，出现在口内。牙齿多而细小，排成多行。第 1 个背鳍位在腹鳍前方，有臀鳍。尾柄具有侧棱，尾鳍呈新月形，下叶短于上叶。比如鲸鲨，有两个背鳍，大小不同，其胸鳍大，位于第三对鳃裂的下方，腹鳍小，尾鳍叉型，口宽，端位，鳃耙如海绵状。主要以大量浮游生物和小型鱼类为食；属于大洋性的鱼类。每年五、六月会洄游到中国北部湾。

鲸鲨科鱼类是世界上最大的鱼，其最大的体长可以达到18米，但是大多数都在4～12米之间。其体型呈圆柱形，稍纵扁，头宽广而扁平，吻截短状。其眼睛居于侧位，没有眼袋，喷水孔位于眼后方，远小于眼径。其鳃裂特大，内有独特的过滤构造，含横断每一鳃裂的薄板，另外，鳃弧上具有许多的角质滤耙，分叉成为海绵状的滤器。其口裂极大，齿呈圆锥形，细小而多，齿头向后倾斜。其尾柄具有明显的侧隆脊以及尾鳍前的凹槽，胸鳍特大，尾鳍上叶上扬角度极大，尾长度还不到全长的三分之一。其体表散布着淡色的斑点与纵横交错的淡色带，就好像棋盘。

鲸鲨科鱼类主要分布在全世界的热带以及温带暖水域，经常可以在外海看到它们，它们偶尔也会进入到近海、潟湖或珊瑚环礁，偶尔也会成群地巡游，或与大洋性鱼种结合成群体，经常也会发现独自一尾的。它们主要以浮游性和自游性动物为食，比如小螃蟹、小鱼和乌贼；当它们积极地捕食浮游生物的时候，头部会左右摆动，部分的头部还会被举起而离开水面，所以经常可以看到它们头部在水面上或靠近水面的垂直姿势。

须鲨科

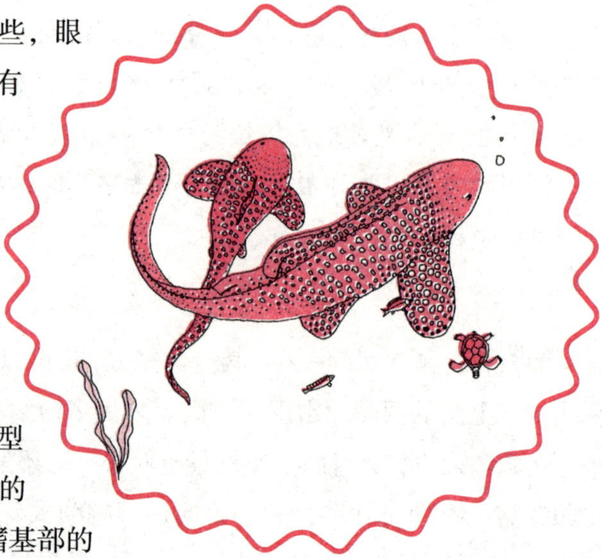

须鲨科的体型稍尖一些，眼没有瞬膜；有口鼻沟。没有棘，第1个背鳍位于腹鳍上方或后方，第2个背鳍经常位于臀鳍前面。大多栖在近海的海底，主要以鱼类、软体动物或甲壳动物等为食。它是热带以及亚热带水域的中小型鱼类，近海底层栖息。它的最后2～3个鳃型位于胸鳍基部的上方。中国大多产在南海、东海。经常见的有豹纹鲨以及日本须鲨。

须鲨科广布在热带和亚热带。在澳大利亚、印度尼西亚和菲律宾海区特别繁盛。在中国现有 5 属约 9 种，都是小型的鲨鱼，属浅海种类，身体具有斑纹保护色。

须鲨科鱼类的身体是较长的纵扁形。其头部宽而扁平，头侧有特殊的肉垂，吻部很短，眼睛位于背位，有眼袋，喷水孔比眼睛的直径要大得多，位于眼睛的侧下方；其鳃裂很小，第四对与第五对鳃裂或是分离或是靠近，但不会重叠。鼻孔边缘有许多长而分枝、尖凸的须，也有鼻沟和鼻褶。下颌缝合处呈凹陷状，上颌是犬齿，下颌却有中央齿尖，但是侧齿尖却不一定有。

须鲨科鱼类的两枚背鳍长度几乎是相等的，第一个背鳍的起点位置，通常与腹鳍基底的末端相对或略微向后，末端位置则比腹鳍后角还要远得多。其胸鳍呈宽圆形，比腹鳍稍大一些，腹鳍又比背鳍和臀鳍大；臀鳍比第二个背鳍略小，起点位置通常与第二个背鳍基底起点后$\frac{1}{3}$处或末端相对，外侧的角度很明显，与尾鳍下叶之间，只有一个狭窄的凹槽相隔。尾鳍上叶的上扬角度并不怎么明显，其长度约为身体全长的$\frac{1}{4}$。其体色复杂，变化比较多。须鲨科鱼类也常被称为“豆腐鲨”，它们是近海底栖的中大型鲨鱼，行动比较迟缓，经常懒洋洋地停留在礁沙底床上藻丛间休息，除了捕食以外，除非是被刻意激怒了，否则很少会主动攻击人类的。

须鲨主要分布在西太平洋海域，目前全球已知的有 3 属 6 种，台湾的纪录为 1 属 2 种。

须鲨属

须鲨属中包括哈氏须鲨、叶须鲨、斑点须鲨、妆饰须鲨、北澳大利亚须鲨、日本须鲨等。

日本须鲨

日本须鲨的活动力很差，经常会蛰伏在海床上。它们游动得比较慢，既不会追，也逃不快，经常给人一副和善感，但是事实上却是暗藏着杀机，在平常它们喜欢暗藏在近海沙泥底质的海区，特别是各种海藻茂盛的地方，这样不仅可以躲避敌害，而且还可以经常出其不意地逮住一些粗心大意的小虾之类的。它们主要以底栖无脊椎动物及小鱼为食。它们行动缓慢，经常在夜间行动。

日本须鲨的鱼体平扁且延长，眼睛很小，其吻部具有皮质状的突起，口下位，其身体呈黄棕色，具有一些褐色的不规则大斑，而且还散布着许多淡色的虫状斑纹。日本须鲨是暖温性的中小型鲨鱼，其体长 1 米左右，大的可以达到 2 米。前部宽扁，后部细小。头相当的宽扁，眼前方以及下方具有 5 ~ 6 个肉垂或皮瓣。其上颌平滑不具肉垂；头侧具很多皮须，但是颈部没有须；鼻瓣分枝简单；吻宽短，前缘圆形，背面平坦；眼上方没有乳突。其鼻孔下侧位，鼻孔缘具有长而尖凸分枝之须；具有鼻褶；具有口鼻沟。其喷水孔较大，大于眼径；鳃裂小，第四以及第五鳃裂不重叠，内鳃不具滤器。其口裂中大，近于前位；齿侧扁而尖锐，前部较大，单齿类；后部渐小，三齿尖。上颌前部具有犬齿 3 列，下颌只有 2 列，具中央齿尖，其侧边小齿尖或有或没有。

第一个背鳍起点在腹鳍基底之中部后；第二个背鳍起点在腹鳍与臀鳍间；胸鳍与腹鳍略小，彼此远离；臀鳍小，起于尾鳍之前；尾鳍前体修长。狭小，尾椎骨不上扬，上叶稍微发达一些；尾鳍下叶低平而延长，但是前部不突出，后部具有缺刻。身体呈锈褐色，其体背具有宽而明显的深色鞍状斑，斑的边

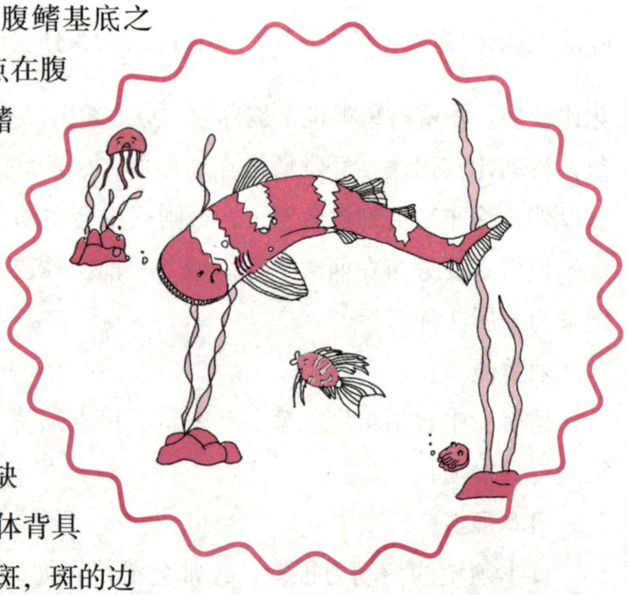

缘呈锯齿，中间具有淡色的点，各鞍状斑间具浅色宽网状线。各鳍也具有深浅交错的斑纹，遍布着暗色和浅白色云石状花纹及斑点，有10条以上不规则的暗色横带。

日本须鲨主要栖息在沿海礁砂混合而且海藻繁生的海床上，行动缓慢，经常停栖于海底不动。属于肉食性，主要以底栖无脊椎动物为食。为胎生的鱼类，怀孕期约为一年，一次可以产下30尾幼鲨。日本须鲨的活动力很差，经常蛰伏在海床上。有的时候，它还可以悄悄改变自己的体色，在生物学上称为拟态，这样一来，它的生存和捕食水平就提高很多了。栖息地生态：日本须鲨属于底栖鱼类，主要栖息在近海海藻多以及有珊瑚礁的海洋底层。主要以底栖无脊椎动物以及小鱼为食。具有夜行性，它们有着令人畏惧的尖牙，所以它存在着潜在性的危险。

它们主要分布在西北太平洋区，其中包括日本、韩国、中国台湾地区、越南以及菲律宾。

在中国的东南沿海，偶尔也会有日本须鲨被渔民用延绳钩的方法捕获，可以食用，但是产量比较少，不具有太大的经济价值，但是在日本却被大量的食用，在大型的水族馆偶尔也会有展示。

日本须鲨属于体内受精，卵胎生，一次可以产下约20尾的仔鱼。它不是产卵而是直接产仔。但是，它的受精卵在母体内发育的时候，不是靠母体供给养分的，而是靠自身的卵黄供给予养分。

天竺鲨科

斑竹鲨属

斑竹鲨属中包括，阿拉伯斑竹鲨、缅甸斑竹鲨、蓝点斑竹鲨、南亚斑竹鲨、多氏斑竹鲨、灰斑竹鲨、点纹斑竹鲨、印度斑竹鲨等。

1. 印度斑竹鲨

其躯体呈圆柱形或稍平扁；其体侧具有一个隆脊；其鼻孔下侧位，鼻孔缘具有短而尖凸的须；具有鼻褶；具有口鼻沟；其喷水孔中大，约等于眼径；其鳃裂小，第四以及第五个鳃裂重叠，内鳃不具有滤器。其口裂小，腹位，近似于平直。其齿具中央齿尖，侧边的小齿尖或有或没有。第一个背鳍起点在腹鳍基底之后；第二个背鳍起点在腹鳍与臀鳍之间；两个鳍同大或胸鳍略大；臀鳍小，起点远于第二个背鳍后角之后，其基底长约与尾鳍下叶等长，而与尾鳍下叶之起点只有一个窄凹洼之隔，其间距远远要短于臀鳍的基底长；尾鳍上叶略往上扬，其上叶略发达，腹缘明显；其体表以及各鳍具许多黑褐色的斑点和条纹，其体长可以达到 0.65 米。

它们主要栖息在沿海砂泥底沿海砂泥底，属于底栖型鲨鱼，印度斑竹鲨是卵生的。

由阿拉伯海到印度、斯里兰卡、新加坡、泰国、越南、印度尼西亚、中国台湾地区、菲律宾以及所罗门群岛；日本以及韩国也有分布。台湾分布在北部、东北部及澎湖海域。

其主要以底拖网或沈底刺网捕获，一般会被利用加工为鲨鱼腌或制成鱼浆、鱼丸等。

2. 条纹斑竹鲨

条纹斑竹鲨也叫作斑竹狗鲛。

条纹斑竹鲨主要栖息在沿海礁砂混合而且海藻繁生的海床。白天躲在礁石内休息，夜晚才会出来活动觅食，而且行动缓慢。主要以底栖无脊椎动物以及小鱼为食，属于卵生。

主要分布在印度——西太平洋区，其中包括印度、斯里兰卡、新加坡、泰国、越南、印度尼西亚、中国台湾、菲律宾及日本等地区，其中在中国台湾分布于北部以及西部海域。

条纹斑鲨肌肉的粗蛋白含量为 21.7%；其蛋白质营养价值很高，还含有色氨酸；无机质也非常丰富，特别是 Fe、Zn、Se 等微量元素。其肉甘温，吃了可以健脾补气；肝可以明目，油可以清热、防腐解毒、消炎止痛。

绞口鲨科

绞口鲨属

铰口鲨

铰口鲨俗名护士鲨，一般都栖息在礁湖或珊瑚礁附近之砂质底部，白天经常躲在隐蔽处休息，晚上才会外出巡游。护士鲨是肉食性的鲨鱼，主要以捕食无脊椎生物为生。因为它的嘴部较小，不像一般的鲨鱼狼吞虎咽地撕咬猎物，而是用吸食的方式来进食，其吸力相当于十二台吸尘器，主要凭借其敏锐的嗅觉来获知食讯，其鼻孔的前缘有一对会颤抖的鼻须来侦测食物的位置，然后再一鼓作气地迅速吸进猎物。护士鲨的个性相当的温顺，对于人类没有生命威胁，是非常优秀的水族馆养殖品种。

铰口鲨经常会用同类胎儿的肉来哺育孩子，铰口鲨的母亲有两个可以供胎儿发育的子宫，从而使胎儿免于遭受海洋掠食者的攻击。但是铰口鲨并不是哺乳动物，因为它并没有胎盘。那么它是如何哺育它的胎儿的呢？其实它主要是靠它的同类胎儿的鳍和肉来哺育胎儿的。铰口鲨的每个子宫中可以孵化出多达 20 个的卵。卵孵化以后就会开始生长，当它们的口发育到足够成熟的时候就会开始以彼此为食。在孕期结束以后，只有一条幼鲨从每一个子宫中脱离出来。它是须鲨科的一个大西洋种鲨类，身体呈黄褐或灰褐色，有时也会具有黑点，可以长达 4 米以上。特别是在被激怒的时候，它们会袭击游泳者。与澳大利亚危险的沙锥齿鲨没有亲缘关系。

光鳞鲨属

光鳞鲨

其躯体延长，呈纺锤形；头平扁而宽大；吻短；眼睛很小，侧位，没有瞬膜。其鼻孔近口部，鼻孔缘具有短而尖的凸之须；不具有鼻沟或鼻瓣；喷水孔很小，远远小于眼径。其鳃裂小，第四以及第五鳃裂重叠。口裂中大，腹位，横向。其齿具有中央齿尖，侧边具有小齿尖。尾柄没有侧隆脊或凹洼。第一个背鳍要大于第二个背鳍以及臀鳍，上下角钝尖，后缘平直，基底与腹鳍基底相对；尾鳍较长，上叶并不发达，只可以在尾端看到；其尾鳍的下叶前部稍微突出一些，中部低平，中部与后部间具缺刻，后部为小三角形的突出，与尾鳍的上叶间有一个缺刻。其身体与各鳍一样，都是锈褐色，腹面呈淡黄色，体长可以达到 3.2 米。

它们主要栖息在大陆棚与岛屿棚的沿、近海，属于大型的鲨鱼，其栖息深度由潮间带到 0.7 米深处，在一般情况下会在深度 5 ~ 30 米的水层，经常会活动在潟湖的底层、礁石外围之砂泥地或是沙滩之外围水域。有夜行性，但是也会在白天活动，它们有穴居的习性，但是活动范围也会很大，

经常会从一个地方洄游到另一个地方。其捕食的范围很广泛，各式各样的无脊椎动物以及鱼类都是它们的食物。属于卵胎生。

其主要分布在印度——太平洋区，西起红海、东非洲，西到土木土群岛，北到日本，南至澳洲等，其中台湾分布在北部海域。

豹纹鲨科

豹纹鲨属

豹纹鲨

豹纹鲨的第一个背鳍大于第二个背鳍，起点在腹鳍起点前方；第二个背鳍位于第一个背鳍后方不远的地方；胸鳍宽大而圆；其尾鳍很长，几乎占了全长的一半，上叶并不发达，只可以在尾端看到；尾鳍的下叶前部并不突出，中部低平，中部与后部间具有缺刻，后部是小三角形，微突出，与尾鳍上叶间有一个缺刻。其幼体呈深褐色，具有许多的黄色细狭横纹和斑纹；成鱼呈黄褐色，具许多的深色斑点，各鳍也散布着许多深色的斑点，其腹面呈淡色。细长的体躯，使它们可以轻易地穿梭在礁石岩洞、细缝间来寻找猎物。

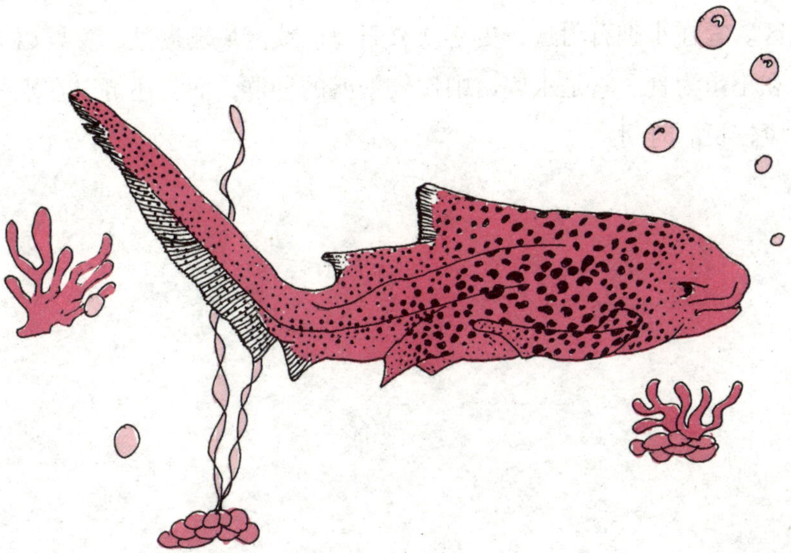

豹纹鲨拥有着与众不同的身形。其体侧具有显著的棱状突起，大大延长的尾鳍几乎占到了体长的一半。豹纹鲨的幼年期和成年期的色彩以及图案有着很大的差别。在年幼时称它们为斑马纹鲨，因为这个时候有粗大的黑白条纹覆盖着全身；在长大以后就会变成浅褐色斑点遍布全身，具有豹子一样的花纹，所以叫它们为豹纹鲨。

它们属于暖海性的底栖鱼类，主要栖息在大陆棚与岛屿棚的沿、近海中大型鲨鱼，凡是砂泥底、石砾底、礁石区、珊瑚礁区等水域都可以看到它们的踪迹。属于夜行性，白天的活动力比较迟缓。主要是以软体动物和甲壳动物为食，也会捕食一些小鱼。如果把它激怒了，它就会展开攻击行为，有潜在性的危险。属于卵生，它们的性情温顺，喜欢在夜间活动，可以自由地穿梭在珊瑚礁穴中。经常单独生活，没有袭击人类的记录，很难饲养。在水族馆中是珍惜名贵的观赏鲨鱼。

长须鲨科

长须鲨属

瓦氏长须鲨

瓦氏长须鲨是一种属于长须鲨科的鲨鱼，主要分布在西南太平洋的亚热带地区。它在小礁石附近，更喜欢岩石海岸线区域珊瑚礁，主要以无脊椎动物和小鱼为食。它是水族馆中比较繁盛的种群，而且还可以在水外面存活一段较长的时间。